Hartwig Schmidt
Schutzbauten

Denkmalpflege an archäologischen Stätten

herausgegeben vom
Architekturreferat des Deutschen Archäologischen
Instituts

Band 1

Konrad Theiss Verlag Stuttgart

Hartwig Schmidt

Schutzbauten

Konrad Theiss Verlag Stuttgart

CIP-Titelaufnahme der Deutschen Bibliothek

Schmidt, Hartwig:
Schutzbauten / Hartwig Schmidt. – Stuttgart : Theiss, 1988
(Denkmalpflege an archäologischen Stätten ; Bd. 1)
ISBN 3-8062-0547-7
NE: GT

Umschlaggestaltung:
Jürgen Reichert, Stuttgart.
Das Umschlagbild zeigt das 1958 erbaute Schutzhaus
über der spätrömischen Kaiservilla
in Piazza Armerina (Sizilien).
Architekt: Franco Minissi, Rom.

Gesamtherstellung:
Passavia Druckerei GmbH, Passau
Printed in Germany
Kommissionsverlag:
Konrad Theiss Verlag GmbH, Stuttgart
ISBN 3-8062-0547-7

Vorwort

Der Schutz und die Pflege archäologischer Stätten und einzelner Ruinen ist noch heute keineswegs überall selbstverständlich. Es mangelt an Mitteln, an Fachleuten und an Kentnissen, ja mitunter ist noch nicht einmal die Einsicht vorhanden, daß dem Ausgraben in jedem Fall Maßnahmen zur Konservierung zu folgen haben. Doch übersehen wir nicht, daß mehr und mehr auch in der Archäologen-Ausbildung von diesen Problemen die Rede ist, so daß für die nächste Generation eine weitergehende Besserung zu erwarten ist.

Als 1973 das Architekturreferat bei der Zentrale des Deutschen Archäologischen Instituts eingerichtet wurde, gehörte die Denkmalpflege von Anfang an zu den sich stellenden Aufgaben. Von großer Bedeutung war das Internationale Jahr der Denkmalpflege 1975, das den Anstoß gab für ein Überdenken der denkmalpflegerischen Aufgaben im Bereich der Archäologie. Das Architekturreferat veranstaltete ein Kolloquium und gab eine Broschüre mit dem Titel »Archäologie und Denkmalpflege« (Diskussionen zur Archäologischen Bauforschung 2) heraus. Etwa gleichzeitig begann das Deutsche Archäologische Institut den Teilwiederaufbau und die denkmalpflegerische Herrichtung des Trajaneums in Pergamon. Dazu wurde eine Baukommission mit Fachleuten auch der Hochschulen bestellt, um die besten Wege für die Ausführung des Projektes zu finden. Damals zeigte sich, daß es ein dringendes Bedürfnis ist, allgemeine Kriterien für die Praxis der archäologischen Denkmalpflege zu erarbeiten und als Voraussetzung dafür gelungene und weniger gelungene Beispiele zu erfassen und zu beurteilen. Glücklicherweise war die Stiftung Volkswagenwerk bereit, unsere Pläne zu unterstützen. Wir danken der Stiftung, aber auch Hartwig Schmidt, der während einer dreijährigen Tätigkeit am Architekturreferat sein Wissen und seine Erfahrung im Bereich der Denkmalpflege der Archäologie zugute kommen ließ und eine umfangreiche Dokumentation erarbeitet. Von Anfang an war geplant, eine Publikation zu diesem Thema vorzulegen, um allen in der Archäologie Tätigen eine Art Leitfaden für Denkmalpflege an die Hand zu geben. Wir freuen uns, daß jetzt das erste Heft der Reihe »Denkmalpflege an archäologischen Stätten« erscheinen kann.

Ausgehend von der Erkenntnis, daß alles, was »unter Dach und Fach« ist, witterungs- und umweltbedingter Zerstörung weitaus besser standhält, behandelt das erste Heft »Schutzdächer«.

Wolfram Hoepfner

Berlin, im November 1987

Inhalt

1 Athen, Ansicht der Akropolis von Südwesten. Fotomontage der geplanten Klimahülle über dem Burgfelsen (aus: Guillaume-Gentil u.a., Sauver l'Acropole. Genf 1977)

2 Athen, Ansicht der Akropolis von Nordosten. Fotomontage der geplanten Klimahülle über dem Burgfelsen (aus: Guillaume-Gentil u.a., Sauver l'Acropole. Genf 1977)

Einleitung

1977 wurde von einer Schweizer Architektengruppe[1] vorgeschlagen, die Athener Akropolis mit einer riesigen durchsichtigen Kuppel zu überdachen, um die antiken Bauten vor der drohenden Zerstörung durch die immer stärker werdende Luftverschmutzung zu schützen (Abb. 1 und 2). Das gesamte, ca. 40 000 qm große Felsplateau sollte nach diesem Plan mit einer elliptischen Stahlkonstruktion überdeckt werden, deren transparente Dachfläche – nach der Meinung der Architekten – die Fernsicht auf die Akropolis nicht behindern, jedoch die Bauten gegen eine weitere Verwitterung schützen würde. Unter dieser Kuppel sei es dann sogar möglich, die antiken Statuen wieder »im Freien« aufzustellen. Die Bauzeit sollte etwa zwei Jahre betragen. Die Kosten wurden auf mindestens 40 Millionen Dollar veranschlagt.

So glaubhaft dieses Projekt auch auf den Fotomontagen aussah – vergleichbar einer riesigen Seifenblase, die sich auf dem Burgfelsen niedergelassen hat –, so wenig wäre es ausführbar gewesen. Die aus der Fundamentierung, statischen Sicherung, Klimatisierung und dauernden Unterhaltung sich ergebenden Probleme waren bei der Planung weitgehend unberücksichtigt geblieben und hätten bei einer Verwirklichung Schwierigkeiten mit sich gebracht, die noch weniger kalkulierbar gewesen wären, als die seit Jahren zu beobachtende Verwitterung der Gesteinsoberflächen.

Das Projekt hat jedoch auf spektakuläre Weise auf ein wichtiges Problem hingewiesen: die Zerstörung der antiken Monumente durch die extreme Luftverschmutzung in den Großstädten wie Athen und Rom und den rapiden Verfall dieser Bauwerke ohne ausreichenden Witterungsschutz.[2]

Archäologische Forschung ist angewiesen auf die Ausgrabung der im Boden verborgenen und dort vor weiterer Zerstörung geschützten Überreste antiker Bauwerke. Nach ihrer Freilegung sollen sie, als wichtige historische Zeugnisse, dann jedoch weiterhin sichtbar und für den Besucher zugänglich bleiben. Dieser Wunsch läßt sich meist nur mit erheblicher Mühe und großem finanziellen Aufwand erfüllen, denn das, was freigelegt wurde, ist zumeist in einem ruinösen Zustand mit der Tendenz, sich weiter aufzulösen. Mauern, Fußböden, Mosaiken und Wandmalereien zerfallen in relativ kurzer Zeit, wenn sie ungeschützt dem Einfluß von Regen, Sonne, Frost und Wind ausgesetzt sind. Pflanzen siedeln sich in den Mauerritzen an und es entsteht schon nach kurzer Zeit ein Gebilde, das der Romantik als Inbegriff der Vergänglichkeit allen Menschenwerks galt: die »in Schönheit sterbende Ruine«.[3]

Die Erhaltung von Ruinen ohne Beeinträchtigung ihres »Alterswertes«[4] gehört zu den schwierigsten Problemen der Denkmalpflege, denn je dauerhafter die Konservierungsmaßnahmen durchgeführt werden, desto mehr geht dabei von der originalen Substanz verloren, muß durch neue Materialien ersetzt werden.[5]

Doch je geringfügiger der Eingriff in den originalen Bestand ist, desto schneller wird die Ruine wieder renovierungsbedürftig, denn grundsätzlich gilt, daß jedes der Witterung ausgesetzte ruinöse Bauwerk kontinuierlicher Pflege und Konservierungsmaßnahmen bedarf, um nicht gänzlich zu zerfallen.

Die Grabungsfläche wieder zuzuschütten, um auf diese Weise die ausgegrabenen Mauern und sonstigen Befunde vor dem Zerfall zu bewahren, ist sicher eine überlegenswerte Möglichkeit, wenn die Konservierung in freiliegendem Zustand nicht durchführbar oder erforderlich ist.[6] Entscheidet man sich jedoch für die Offenhaltung der Grabungsfläche und die Zurschaustellung der Grabungsbefunde, so ist eine dauerhafte Erhaltung nur durch Schutzbauten möglich.

Bauteile aus festen Natursteinen, wie z. B. Kalkstein oder Marmor, werden durch die »normale« Bewitterung nur geringfügig in Mitleidenschaft gezogen, doch zeigen auch sie nach einigen Jahren erste Schäden. Ziegel- oder Natursteinmauerwerk, das mit Kalk, Gips oder Lehm als Bindemittel zusammengefügt worden ist, d. h. mit weitgehend wasserlöslichen Materialien, ist grundsätzlich ohne zusätzlichen Wetterschutz langfristig nicht zu erhalten. Mit Hilfe der heute bekannten chemischen Festigungs- und Konservierungsmittel lassen sich zerbröselnde Mörtel, korrodierte Ziegel und Natursteine bei ungehindertem Zutritt von Wasser (Regen und aufsteigende Feuchtigkeit aus dem Boden) nur für kurze Zeit erhalten. Als dauerhafte Konservierungsmaßnahme hat sich dagegen eine wetterbeständige Überdeckung erwiesen, ein schützendes Dach, das die Funktion des verlorengegangenen Hausdaches übernimmt.

Ein Wiederaufbau von Ruinen bis zur Rekonstruktion des ehemaligen Daches ist bautechnisch sicherlich vorteilhaft, als denkmalpflegerische Maßnahme in den weitaus meisten Fällen jedoch sehr problematisch. Dagegen bietet sich als mögliche Alternative die Überdeckung der Ruine mit einer neuzeitlichen Dachkonstruktion an, die diese wie ein Regenschirm überspannt. Sicherer ist jedoch, besonders im feuchten und kalten Klima Nordeuropas, die Umschließung der Ruine mit einer festen Hülle: der Bau eines Schutzhauses.

Jedes Ruinenensemble hat seine individuelle Entstehungs- und Zerstörungsgeschichte und ist etwas Einmaliges auf Grund seiner architektonischen wie topographischen Situation. Deshalb ist es schwierig, allgemeinverbindliche Regeln für den Entwurf und die Konstruktion von Schutzbauten aufzustellen, wohl lassen sich aber Grundüberlegungen formulieren, die im Einzelfall modifiziert werden können.

Bei dem Entwurf von Schutzbauten sind drei Hauptaspekte besonders zu berücksichtigen:

– die Funktionserfüllung
(Witterungsschutz, Klimatisierung, Sicherheit, Standfestigkeit, Haltbarkeit, Erschließung)
– die architektonische Gestaltung
(Unverwechselbarkeit, Bezugnahme auf die besondere Situation der Ruine, Unterscheidbarkeit vom originalen Bestand)
– die Einbindung in das Umfeld
(Berücksichtigung der topographischen und architektonischen Qualitäten und Eigenheiten des Grabungsplatzes)

Alle drei Aspekte müssen beim Entwurf mit berücksichtigt werden, denn sie bestimmen in positiver wie negativer Weise nicht nur das spätere Aussehen der Ruine, sondern auch das Erscheinungsbild des Grabungsplatzes.

Grundsätzlich kann man Schutzbauten unterscheiden in temporäre Schutzabdekkungen, »leichte« Schutzdächer und Schutzhäuser mit seitlichem Abschluß.

Die wichtigste Funktion eines *Schutzdaches* wird immer die Sicherung der Ruine vor Niederschlägen und Sonneneinstrahlung sein, denn aus dem Boden aufsteigende Feuchtigkeit oder Kondenswasserbildung, der Zutritt von Wind, Staub und Samenflug, können durch eine einfache Überdachung nicht abgehalten werden. Eine Dachkonstruktion bietet auch keinen Schutz vor Tieren und Menschen, vor Diebstahl oder Beschädigung. Gegen diese Zerstörungsformen ist zusätzlich ein seitlicher Abschluß erforderlich. Aus dem Schutzdach wird ein *Schutzhaus*. Damit entstehen aber auch neue Probleme, wie z. B. die Regelung des Zuganges oder die ausreichende Belichtung und Klimatisierung des Innenraumes. Darüber hinaus wird auch der bauliche Eingriff in die Ruine größer, denn schwerere Konstruktionen erfordern größere Fundamentierungen und damit umfangreichere Baumaßnahmen innerhalb des archäologischen Befundes.

Der Bau eines »massiven« Schutzhauses statt eines »leichten« Schutzdaches bedeutet auch einen erheblichen, zumeist nicht mehr zu übersehenden Eingriff in das Erscheinungsbild des Grabungsplatzes. Die Gestaltung eines Schutzhauses verlangt deshalb, weit mehr noch als das Schutzdach, den wohlüberlegten architektonischen Entwurf und eine Planungsidee, die Funktion, Gestaltung und Einbindung in das Umfeld verbindet. Die Wahl der zu verwendenden Baumaterialien spielt hierbei eine ebenso große Rolle wie die Kubatur des Baukörpers oder die Entscheidung über Rekonstruktionsmaßnahmen, Teilrekonstruktionen oder eine Überbauung der Ruine in »freier«, nicht auf den Grundriß bezogenen Form.

Die folgenden Beispiele einzelner Schutzbauten zeigen ein Spektrum unterschiedlicher Grundüberlegungen und Materialien. Sie weisen darauf hin, wie bestimmend einzelne Entscheidungen für das spätere Endergebnis sein können und welche architektonischen und konstruktiven Möglichkeiten bestehen. Der Katalog der vorgestellten Bauten erhebt keinen Anspruch auf Vollständigkeit. Bauwerke, die im weitesten Sinne auch als Schutzbauten anzusprechen sind, wie z. B. Magazinräume auf dem Grabungsplatz, Schaukästen oder Grabungsmuseen, können in diesem Band keine Berücksichtigung finden. Der Schwerpunkt dieser Studie liegt im Bereich der Sicherung von Ruinen, d. h. dem Schutz dachloser Gebäude mit noch aufrecht stehenden Mauern.

Die ausgewählten Beispiele stammen einerseits aus den Ländern rund ums Mittelmeer, von Grabungsplätzen mit Ruinen aus der griechischen oder römischen Antike, andererseits aber auch aus der Schweiz, Deutschland und Großbritannien, wo sich die ältesten Schutzbauten über Ruinen befinden. Die Qualität der einzelnen Konservierungsmaßnahmen ist sehr unterschiedlich. Auf eine Wertung, soweit sie möglich war, konnte deshalb nicht verzichtet werden.

Der Beschreibung der einzelnen Schutzbauten wurde ein Katalogteil hinzugefügt, der die wichtigsten Angaben über Konstruktion und Ausführung, Größe und

Bauzeit, Architekt und Herstellerfirma – soweit dies zu ermitteln war – enthält. Literaturangaben wurden nur aufgenommen, wenn sie Hinweise auf den Schutzbau enthielten. Um diese Angaben mit den Abbildungen und der Beschreibung vergleichen zu können, wurde der Katalog in den Text eingefügt, jedoch als etwas Selbständiges durch eine Umrahmung gekennzeichnet.

Die Bestandsaufnahme wurde weitgehend 1982 abgeschlossen, doch sind bis zur Drucklegung noch einige neuere Beispiele und Fotos hinzugekommen.

Die Arbeit wurde im Rahmen eines vom Architekturreferat des Deutschen Archäologischen Instituts beantragten Forschungsauftrages zur Denkmalpflege an archäologischen Stätten durch die Stiftung Volkswagenwerk finanziert. Ihr sei hiermit für die großzügige finanzielle Unterstützung Dank gesagt.

Für Anregungen, Hilfe und Fotos habe ich ganz besonders den Kollegen des Architekturreferats, Wolfram Hoepfner und Ernst-Ludwig Schwandner, zu danken, für die ausnahmslos freundliche und bereitwillige Unterstützung bei der Beschaffung von Informationen über denkmalpflegerische Maßnahmen möchte ich mich herzlich bei Dietwulf Baatz, Heinz Cüppers, Walter Drack, Wolfdietrich Elbert, Wolf-Dieter Heilmeyer, Dietrich Huff, Friedmund Hueber, Werner Kaiser, Hermann Kienast, Ursula Knigge, Manolis Korres, Helmut Kyrieleis, Georgos Lavas, Michael Meinecke, Dieter Mertens, Wolfgang Müller-Wiener, Peter Neve, Klaus Nohlen, Gernot Piccottini, Dieter Planck, Gundolf Precht, Wolfgang Radt, Friedrich Rakob, Wulf Schirmer, Helmut Schlichtherle, Volker Michael Strocka, Jürgen Tomisch, Hermann Vetters, Gilbert Wiplinger, Wolfgang Wurster und Gerhard Zimmer bedanken. Peter Grunwald sei besonders gedankt für die umfangreichen qualitätvollen Fotoarbeiten.

---

1 Monique Guillaume-Gentil, Roger Lagier, Hans Lüdin, Olivier Rossel, Jaques Schär, Sauver l'Acropole. Synthèse entre le Genie de Platon et la Technologie du 20ème Siècle. Genf 1977. Vorbild des Entwurfs waren sicherlich die Arbeiten von Richard Buckminster Fuller, dessen »geodätische Kuppeln« und seine 1968 für New York-Manhattan entworfene Klimakuppel

2 A. La Regina, Roma, la conservazione dei monumenti antichi. In: Xenia (1981) S. 5–12; Die Akropolis in Gefahr. UNESCO-Kurier 18 (1977) H. 10

3 G. Hartmann, Die Ruine im Landschaftsgarten. Ihre Bedeutung für den frühen Historismus und die Landschaftsmaler der Romantik. Worms 1981

4 A. Riegl, Der moderne Denkmalkultus, sein Wesen und seine Entstehung (1903). In: Gesammelte Aufsätze. Hrsg. von K.M. Swoboda. Augsburg/Wien 1924, S. 144–193

5 D. Lutz, Einige Bemerkungen zum Ruinenerhalt. In: DenkPflBadWürt 14 (1984) S. 96–102

6 G. Gruben, Offenhalten oder Zuschütten von Grabungen. In: Archäologie und Denkmalpflege. Diskussionen zur archäologischen Bauforschung 2. Hrsg. vom Architekturreferat des DAI Berlin. Berlin 1975, S. 30–32

Schutzabdeckungen

Bei fast jeder Ausgrabung werden zur Konservierung der freigelegten, oft sehr empfindlichen und leicht zerstörbaren Befunde Schutzabdeckungen benötigt. Grabungsprofile und -schnitte müssen vor Durchfeuchtung, Austrocknung und mechanischer Beschädigung geschützt werden. Schilfmatten und Zeltplanen gegen Sonneneinstrahlung (Abb. 3) und Plastikfolien gegen Regen (Abb. 5) sind wohl die einfachsten und überall erhältlichen Materialien, die hierfür geeignet sind.

Während die meisten Baumaterialien Feuchtigkeit aufnehmen, speichern und wieder abgeben können, ist die Benutzung von Plastikfolien nicht ganz problemlos, da diese absolut dicht und feuchtigkeitsundurchlässig sind. Besteht darin einerseits der große Vorteil dieses Materials, so ist doch andererseits die Kondenswasserbildung an der Unterseite der Folie durch aufsteigende Bodenfeuchtigkeit bei Sonneneinstrahlung sehr nachteilig. Die Folge davon ist eine täglich sich wiederholende Durchfeuchtung der darunter befindlichen Fläche, was zu verstärktem Pflanzenwuchs im Sommer und zu Frostschäden im Winter führen kann (Treibhauseffekt). Aus diesem Grunde ist es vorteilhaft, die Folie durch eine Schicht saugfähigen Materials, die die unter der Folie sich bildende Feuchtigkeit aufnimmt (z. B. Sandschüttungen, Strohmatten), von den abzudeckenden Gegenständen zu trennen. Soll die Folie über einen längeren Zeitraum benutzt werden, so ist darauf zu achten, daß sie, ebenso wie die Trennschicht, aus witterungsbeständigem Material besteht, aber auch von ausreichender Festigkeit ist, um nicht durchstoßen zu werden.

Als temporäre Schutzmaßnahme für aufrecht stehende Bauteile bieten sich leichte Gerüste an, die an den Seiten verkleidet und an der Oberseite mit einem festen Dach versehen werden. Vorbild hierfür sind die winterlichen Schutzabdekkungen der Gartenplastiken und Denkmäler, die noch bis weit in das 19. Jahrhundert selbstverständlich waren und sich heute wieder vereinzelt in historischen Parkanlagen finden. Damit die Luftfeuchtigkeit unter der Ummantelung nicht zu sehr ansteigt, ist für eine gute Durchlüftung zu sorgen.[1]

Öffnungen im Boden, wie z. B. Sondagen, die zwischen den einzelnen Grabungskampagnen nicht wieder verfüllt werden, erfordern unter der Abdekkung aus witterungsbeständigen Dichtungsmaterialien (z. B. Dachpappen oder Kunststoffolien) eine einfache Tragkonstruktion als Sicherung gegen Einbrechen und Hineinstürzen. Aus Holzbalken und großflächigen tragfähigen Tafeln, wie Wellasbestzementplatten, Spanplatten oder verspundeten Brettern, lassen sich leicht einfache Abdeckelemente herstellen (Abb. 4, 6, 9). Besondere Sorgfalt beim Bau dieser Schutzabdeckungen muß auf die sichere Ableitung des Regenwassers von der Grube gelegt werden.

Sollen die Abdeckungen mehrmals verwendet werden, so ist bei der Konstruktion darauf zu achten, daß die Tafeln mit

3 Karthago (Tunis), Grabungsareal Sidi Bon Said. Zeltplanen als Sonnenschutz über der Grabungsfläche. Foto: DAI Rom

4 Karthago (Tunis), Grabungsareal Sidi Bon Said. Provisorische Abdeckung der Grabungsfläche mit Wellasbestzementplatten. Foto: DAI Rom

5 *Paestum, Buleuterion. Schutzabdeckung der Stufenreihen mit Folie*

6 *Xanten, Colonia Ulpia Traiana, Archäologischer Park. Temporäre Abdeckung einer Zisterne mit Bitumenpappe auf Holzunterkonstruktion*

7 *Ephesos, Hanghausgrabung. Schutzdachkonstruktion aus Stahlfachwerkträgern und Gerüstrohren mit einer Eindeckung aus Wellabestzementplatten*

8 *Ephesos, Hanghausgrabung. Provisorische Schutzdächer über einzelnen Wohneinheiten des Hanghauses 2. Foto 1979*

9 Seeb, Römischer Gutshof. Demontables Schutzdach. Holzkonstruktion, Eindeckung aus Wellasbestzementplatten

Ephesos
Hanghausgrabung
Mobile Schutzdächer über den Wohneinheiten des Hanghauses 2
Ausführung: Leichte Stahlfachwerkträger als Tragkonstruktion. Alle weiteren Konstruktionsteile aus Gerüstrohren. Dacheindeckung aus Wellasbestzementplatten.
Größe: ca. 150 qm
Bauzeit: 1969, später durch eine Holzkonstruktion ersetzt.
Architekt: Anton Bammer, Wien
Hersteller: Firma Hünnebeck, D-4030 Ratingen-Lindorf

Seeb
Römischer Gutshof
Mobile Schutzabdeckungen
Ausführung: Demontable Holzkonstruktion mit Wellasbestzementabdeckung während der Wintersaison über dem restaurierten Brunnenhaus und einem Raum mit Mosaikflächen.
Größe: Abdeckung über dem Brunnenhaus ca. 60 qm
Literatur: W. Drack, Der römische Gutshof bei Seeb (= Archäologische Führer der Schweiz 1) Zürich 1979

einfachen Hilfsmitteln, wie z. B. Gewindeschrauben, montierbar sind. Um in gleicher Reihenfolge immer wieder zusammengesetzt werden zu können, hat sich eine Numerierung der einzelnen Tafeln als praktisch erwiesen (Abb. 9). Auch sollten sie so leicht sein, daß sie noch von Hand transportiert und verlegt werden können.

In **Ephesos** (Selçuk) wurde ein Teil des Hanghauses 2 zur Sicherung der reichen Ausstattung der Räume mit Wandmalereien, Mosaiken und Marmorverkleidungen während der Ausgrabung mit einem demontablen Schutzdach versehen (Abb. 7, 8). Die Stützen bestanden aus geschweißten Stahlfachwerkträgern (Fa. Hünnebeck), die aus Einzelteilen von 1,0 und 2,0 m Länge zusammengeschraubt wurden. Die Konstruktionsteile des Daches, wie auch die einzelnen Aussteifungen, waren dagegen runde Stahlrohre, die üblicher Weise beim Gerüstbau Verwendung finden. Ihr Zusammenbau geschah mit den zu diesem System gehörenden Verbindungsschellen.

Für die Dacheindeckung wurden Wellasbestzementplatten benutzt, die eine ausreichende Eigenstabilität besitzen, um auch etwas größere Stützweiten zu überbrücken. Sie wurden mit den für Wellasbestzementeindeckungen entwickelten Schraubhaken montiert, die mit ihren halbrunden Schenkeln um die Stahlrohre greifen.

Da dieses System an kein Raster gebunden ist, konnten die Stützen immer dort aufgestellt werden, wo sie die Ausgrabung, bzw. den Befund, nicht störten. Ein geringer Nachteil der Stützen ist jedoch, daß sie nicht stufenlos verstellbar sind, sondern nur in Höhensprüngen von 1,0 m, was ihre Aufstellung in Hinblick auf eine gleichmäßige Dachneigung festgelegt.

10 *Xanten, Colonia Ulpia Traiana, Archäologischer Park. Grabungszelt*

11 *Hornstaad-Hörnle I, Grabungszelt am Ufer des Bodensees (aus: Schlichtherle/Wahlster, Archäologie in Seen und Mooren. Stuttgart 1986, Abb. 35)*

12 Xanten. Blick ins Innere des Grabungszeltes

Xanten
Colonia Ulpia Traiana, Archäologischer Park
Grabungszelt.
Ausführung: Im Abstand von 1,50 m im Boden verankerte, halbovale, verzinkte Stahlrohre. Montage durch Kreuzstücke ohne Verschraubung, Abstandshalter und Spannseile. Dachhaut aus transparenter UV-stabilisierter PE-Doppelschlauchfolie. Besondere Türelemente an den Stirnseiten.
Größe: Länge beliebig (Addition 1,50 m langer Einheiten), mittlere Höhe 3,20 m, max. Breite 8,50 m
Hersteller: Firma Nitsch GmbH, D-5910 Kreuztal-Eichen. Typ: »filclair«
Literatur: H. Stephan, Gewächshaus als Grabungszelt. In: Colonia Ulpia Traiana. 5. Arbeitsbericht zu den Grabungen und Rekonstruktionen. Hrsg. vom Rheinischen Landesmuseum Bonn. Bonn 1981, S. 46–47

Während im Süden der Schutz vor Sonneneinstrahlung bei den sommerlichen Grabungskampagnen ein luftiges, schattenspendendes Dach verlangt, ist im Norden, auf Grund der unwirtlichen Witterungsverhältnisse besonders während des Winterhalbjahres, eine ganzjährige Grabungskampagne ohne ein geschlossenes, heizbares Schutzzelt nicht möglich.

In **Xanten** (Niederrhein) benutzt man bei den Ausgrabungen in der Colonia Ulpia Traiana seit 1979 ein demontables Gewächshauszelt (Abb. 10, 12) zur Überdekkung der Grabungsfläche, nachdem die vorher verwendeten Hauszelte durch einen Sturm zerstört wurden. Die Tragkonstruktion besteht aus verzinkten, halbovalen Stahlrohren, die durch Kreuzstücke und dünne Stahlstangen als Abstandshalter miteinander verbunden werden. Das Zelt läßt sich ohne besondere Fundamente auf allen Bodenarten aufstellen, wird durch eingedrehte Erdanker sicher gehalten, und in 1,50 m breiten Einheiten zur erforderlichen Länge zusammengesetzt. Die dünnen, halbovalen Bögen lassen sich leicht und schnell montieren. Die transparente Plastikhaut ist elastisch und überbrückt kleine Unebenheiten des Bodens, ist aber gegen Beschädigungen relativ empfindlich. Sie besteht aus UV-stabilisierter PE-Doppelschlauchfolie, die mit Stahlseilen gespannt wird. Die Stirnseiten sind durch spezielle Türelemente aus PVC-Gitterfolie verschlossen. Die maximale Breite beträgt 8,50 m, die lichte Höhe 3,20 m in Zeltmitte.

Die Erfahrungen der Ausgräber mit diesem Gewächshauszelt sind sehr positiv in Hinblick auf Lichtdurchlässigkeit, Wärmehaltung und Standfestigkeit. Als nachteilig wird jedoch die starke Aufheizung im Sommer mit erheblicher Kondenswas-

13 Haithabu (Schleswig). Fahrbare Zelthalle über der Grabungsfläche (aus: K. Schietzel, Die archäologischen Befunde der Ausgrabung Haithabu 1963–64. Neumünster 1969. Abb. 2)

14 Haithabu (Schleswig). Das Innere der Zelthalle (aus: K. Schietzel, Die archäologischen Befunde der Ausgrabung Haithabu 1963–64, Abb. 3)

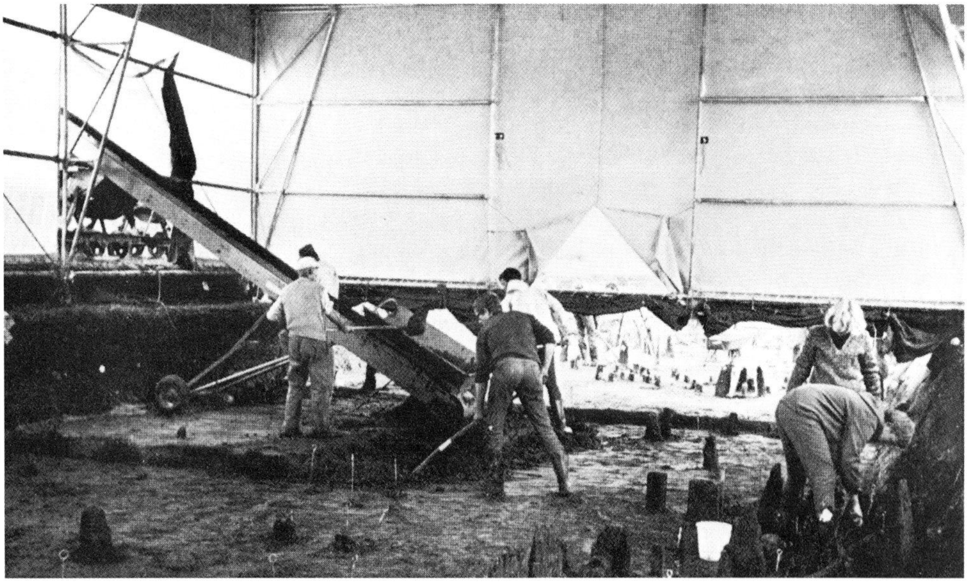

serbildung empfunden, die trotz der vorhandenen Lüftungsklappen nicht zu vermeiden ist. Ein spezielles Problem ist die zu geringe Höhe des Zelts für die fotografische Grabungsdokumentation (Übersichtsfotos).

Das gleiche Zeltfabrikat wird bei den Ausgrabungen in **Hornstaad-Hörnle I** am Bodensee von den Archäologen des Landesdenkmalamtes Baden-Württemberg benutzt (Abb. 11).

Für die Ausgrabungen in **Haithabu** bei Schleswig (Schleswig-Holstein) wurde 1963 eine für den Straßenbau entwickelte Zelthalle zum Schutz vor Regen, Wind und Sonneneinstrahlung angeschafft (Abb. 13, 14). Die Stahlrohrkonstruktion läßt sich insgesamt auf Rollen in U-förmigen Eisenschienen fortbewegen und kann so jeweils dem Fortgang der Grabungsarbeiten folgen. Durch die Breite der Zelthalle (10 m) wird die Grabungsfläche jedoch auf einen Streifen von 9 m begrenzt.

Dachflächen wie Stirnseiten des Zeltes bestehen aus dichten Stoffplanen, die Seiten sind aus transparenten Gitterplastikfolien, so daß bei normalem Tageslicht ausreichende Lichtverhältnisse im Inneren herrschen. Zur Verbesserung der Beleuchtung bei geringer Außenhelligkeit wurden zusätzlich zwei starke Neonleuchten montiert.

Hoornstaad-Hörnle I
Grabungszelt
Ausführung: Gleiches Zeltfabrikat wie in Xanten
Literatur: H. Schlichtherle, B. Wahlster, Archäologie in Seen und Mooren. Den Pfahlbauten auf der Spur. Stuttgart 1986, S. 32f.; AAusgrBadWürt (1981) S. 36f., Abb. 19; (1984), S. 32f., Abb. 17, 18; (1985) S. 59, Abb. 46, 48

Haithabu (Schleswig)
Grabungszelt
Ausführung: Auf Rollen in U-förmigen Eisenschienen fahrbare Stahlrohrkonstruktion. Dachflächen und Stirnseiten aus dichten Stoffplanen. Seitenflächen aus transparenten Gitterplastikfolien.
Größe: Zeltbreite 10 m
Hersteller: Firma Mannesmann, Düsseldorf
Literatur: K. Schietzel, Die archäologischen Befunde der Ausgrabung Haithabu 1963–64. In: Berichte ü. d. Ausgr. in Haithabu 1 (1969) S. 12–14

Über den Einsatz einer 10 × 20 m großen »Traglufthalle«, einer mobilen Zeltkonstruktion, die durch eingeblasene Luft stabilisiert wird, auf der Grabung **Cat Hasan** in der Türkei berichtete Martin E. Weaver[2] 1973. Der Vorteil der Traglufthalle gegenüber den traditionellen, von einem metallenem Traggerüst unterstützten Zelten, ist die mit dem Einblasen der Luft steuerbare Klimatisierung, die Herstellung konstanter Luftfeuchtigkeit und Temperatur, was in bestimmten Fällen für die Konservierung der Funde erforderlich sein kann. Der Nachteil ist neben den hohen Energiekosten der damit verbundene hohe technische Aufwand, der nicht unerhebliche Wartungs- und Unterhaltungsmaßnahmen mit sich bringt.

1 R. Wihr, Restaurierung von Steindenkmälern. München 1980, S. 140f.

2 M. E. Weaver, The use of an inflatable »Air-Dome« to produce controlled conditions for an archeological site. In: Studies in Conservation 18 (1973), S. 88–93

15 *Casa Grande Nationalpark (Arizona). Schutzdach über einer mehrgeschossigen Lehmziegelruine*

Schutzdächer

Mobile Schutzabdeckungen und Grabungszelte sorgen während der Grabung für erträgliche Arbeitsbedingungen und bieten einen zeitlich begrenzten Witterungsschutz für die freigelegten Ruinen. Nach Abschluß der Grabungsarbeiten werden jedoch dauerhaftere Schutzmaßnahmen erforderlich.

Abgesehen von den empfindlichen Innendekorationen antiker Häuser, die bereits durch die Zerstörung des Gebäudes und die Lagerung in der Erde geschädigt sind, zerfallen auch widerstandsfähigere Baumaterialien relativ schnell, wenn sie der Witterung ausgesetzt sind. Aufsteigende Bodenfeuchtigkeit, Niederschläge, Temperaturwechsel, Frost und Winderosion wirken unaufhaltsam bis zum vollständigen Substanzverlust. Unterstützt wird dieser Prozeß noch durch die Schadstoffanreicherung der Atmosphäre, deren Folgen für die antiken Marmorbauten, nicht nur in den innerstädtischen Bereichen von Rom und Athen, in erschreckender Weise deutlich werden.[1] Das Ausmaß der Schäden durch den »sauren Regen« ist bei den verschiedenen Steinsorten unterschiedlich, die Möglichkeit einer dauerhaften chemischen Konservierung weiterhin umstritten. Aus diesem Grund gilt noch immer als sicherste Konservierungsmaßnahme die Überführung der gefährdeten Bauteile in ein Museum, in einen klimatisierten und schadstofffreien Raum. Da dieses Verfahren nur bei den wenigsten Bauten möglich ist, und auch in den meisten Fällen nicht wünschenswert, ist das Schutzdach an Ort und Stelle oft die einzige Lösung.

Für die Herstellung von Schutzdächern bieten sich verschiedene Baustoffe, Tragkonstruktionen und Dichtungsmaterialien an, die jeweils spezifische Vor- und Nachteile besitzen.

Holzkonstruktionen
Holz ist fast überall erhältlich und ein leicht zu bearbeitendes Material. Konstruktive Verbindungen können auch von ungeübten Handwerkern mit einfachen Werkzeugen hergestellt werden. Die Kosten für den Unterhaltungsaufwand (Anstrich, Holzschutz) sind relativ gering, doch haben Holzkonstruktionen auch in trockenen Klimazonen nur eine begrenzte Lebensdauer.

Stahlkonstruktionen
Für die Herstellung von Stahlkonstruktionen, besonders mit geschweißten Verbindungen, sind handwerkliche Kenntnisse und geeignete Maschinen zur Bearbeitung unbedingt erforderlich. Hohe Materialkosten und ein nicht unerheblicher Unterhaltungsaufwand (Rostschutz) stehen den Vorteilen einer hohen Stabilität bei geringen Querschnitten gegenüber. Eine große Auswahl handelsüblicher Stab-, Winkel- und Rohrprofile, darüber hinaus Lochprofile (z. B. »Dexion«-Profile), die sich auf einfache Weise verschrauben lassen, bieten die Möglichkeit, sehr »leichte« und filigranartige Konstruktionen zu erstellen.

Ziegelkonstruktionen
Handwerkliche Grundkenntnisse sind auch für die Verarbeitung dieses traditionellen Materials erforderlich. Zu den Vorteilen zählen geringe Herstellungskosten und einfache Bautechnik, niedriger Unterhaltungsaufwand und lange Lebensdauer. Da Mauerwerk keine Zugspannungen aufnehmen kann, muß für die Tragkonstruktion des Daches schon bei geringen Spannweiten ein anderes Material benutzt werden.

Stahlbetonkonstruktionen
Die Herstellung einfacher Bauteile aus Stahlbeton (Wände, Stützen und Decken) bietet heutzutage keine Schwierigkeiten mehr, da die Grundmaterialien und mit der Technik vertraute Handwerker überall zu finden sind. Mit Stahleinlagen bewehrter Beton ermöglicht Konstruktionen mit relativ großen Spannweiten und ist für Stütz- und Dachkonstruktionen gleichermaßen geeignet. Durch entsprechende Schalungen lassen sich fast alle gewünschten Formen herstellen. Nach dem Abbinden ist der Beton weitgehend witterungsbeständig und erfordert keinen Unterhaltungsaufwand. Durch besondere Zuschlagstoffe und steinmetzmäßige Bearbeitung kann fast jede gewünschte Oberflächenstruktur hergestellt werden.

Im Gegensatz zu den Materialien Stahl und Holz sind die erforderlichen Querschnitte für Stützen, Träger, Decken und Wände bei Mauerwerks- und Betonkonstruktionen erheblich massiver. Das wirkt sich auf Form und Aussehen der Bauten aus, ihre spätere Demontierbarkeit, aber auch auf den Umfang der erforderlichen Fundamentierung und den damit verbundenen Eingriff in den originalen Bestand der Ruine.

Leichtbaukonstruktionen
Neben den traditionellen Baumaterialien und Konstruktionen bieten sich für den Bau von Schutzdächern leichte Flächentragwerke an:

- pneumatische Konstruktionen
- Seilnetzkonstruktionen
- Gitterschalen.

Sie haben den großen Vorteil leicht transportierbar und montierbar zu sein, sowie beliebige Grundrißformen und große Flächen überdachen zu können. Sie sind variabel in der architektonischen Gestaltung, können bis auf den Boden reichen, dem Verlauf der Geländeform folgen oder auf Einzelfundamenten, Stützen oder Wänden aufgelagert werden. Da sie sehr leicht sind, benötigen sie nur punktförmige Fundamente (oder sogar nur Erdanker), lassen sich auf fast jedem Baugrund errichten und sind wegen ihrer Elastizität unempfindlich gegen Bodensetzungen und Erdbeben. Haltbarkeit und Lebensdauer entsprechen den traditionellen Bauten aus gleichem Material. Die zu verwendenden Dachdeckungsmaterialien reichen von Folien bis zu Glas- oder Plexiglasscheiben, die auf den Seilnetzen oder Gitterschalen befestigt werden. Da es bereits seit längerem eine größere Anzahl ausgeführter Bauten[2] gibt, ist es kaum verständlich, warum diese Konstruktionen bisher nicht für die Überdachung von Grabungsplätzen eingesetzt worden sind (Abb. 18–22).

Neben den Tragkonstruktionen ist die Art der Dacheindeckung und das dafür benutzte Material wichtig. In Hinblick auf das Kriterium »Lichtdurchlässigkeit« lassen sich zwei Gruppen unterscheiden:

Durchsichtige und transparente Materialien
- Glas, Drahtglas
- glasfaserverstärkte Polyesterplatten
- Hart–PVC
- Acrylglas (»Plexiglas«)

Lichtundurchlässige Materialien
- Blechtafeln (profiliert und eben)
- Wellasbestzementplatten (profiliert und eben)
- traditionelle Dachdeckungsmaterialien wie Schiefer, Ziegel, Holzschindeln
- Holzverschalungen mit zusätzlichen Dichtungsschichten wie Bitumenpappe oder Kunststoffolien
- Stahlbeton mit entsprechender Armierung

Wichtige Faktoren für die Wahl geeigneter Dachdeckungsmaterialien sind neben der Lichtdurchlässigkeit auch Tragfähigkeit und Bruchsicherheit in Hinblick auf nicht immer auszuschließenden Vandalismus und mutwillige Zerstörung (vgl. Abb. 106) – eine Komponente, die man bei der Entscheidung für ein bestimmtes Material nicht unberücksichtigt lassen sollte. Darüber hinaus sind für das Aussehen des Schutzdaches aber auch Oberflächenstruktur, Materialqualität (natürliche oder künstliche Materialien) und die Farbe der Dacheindeckung entscheidend.

Diese Überlegungen führen bereits in die Detailbehandlung. Vor der Entscheidung über das zu verwendende Material ist jedoch erst die Form des Schutzdaches zu klären, die architektonische Gestalt. Hierfür steht ein ganzes Spektrum von Möglichkeiten zur Verfügung, von der Einbeziehung der Ruine in den Schutzhausbau über Rekonstruktion und Teilwiederaufbau, bis hin zu einer »freien« Gestaltung, die auf die ehemalige Form des Gebäudes keine Rücksicht nimmt. Während die einzelnen Materialien eindeutig erkennbare Vor- und Nachteile haben, gibt es für diese Frage keine allgemeingültige Antwort, da jede Ruine ihre eigene »Individualität« besitzt, von der der architektonische Entwurf auszugehen hat. Grundsätzlich läßt sich jedoch sagen, daß das Schutzdach so einfach, klein und leicht wie möglich sein sollte, um in den Bestand der Ruine so wenig wie möglich einzugreifen. Andererseits muß das Schutzdach aber doch so groß sein, daß für die zu überdekkende Ruine ein sicherer Witterungsschutz gewährleistet ist, da durch die offenen Seiten – bei zu geringem Dachüberstand – der Wind leicht Feuchtigkeit (Regen, Schnee), Staub und Schmutz unter das Dach treiben kann.

Ein trauriges Beispiel für ein zu klein ausgeführtes Schutzdach findet sich über der römischen Thermenanlage in **Badenweiler** (Baden-Württemberg) (Abb. 16, 17), wo die *»wohl eindrucksvollste antike Therme in Süddeutschland … (bereits) so stark gelitten hat, daß die hervorragende originale Substanz nur erhalten werden kann, wenn über diesem ganzen Baukörper ein vollständiges Schutzhaus errichtet wird.«*[3] Diesem Vorschlag wurde bei der Entscheidung über die Verbesserung der vorhandenen Situation nicht gefolgt, sondern das vorhandene Schutzdach wurde ausgebessert, verstärkt und erweitert über einen Teil der bisher noch ungeschützten Mauern. Die dazu notwendigen Anbauten wurden als leichte Stahlfachwerkkonstruktionen ausgeführt, die mit Zeltbahnen und Folien überdeckt sind und sich schon nach wenigen Jahren den strengen klimatischen Bedingungen des Schwarzwaldes nicht mehr gewachsen zeigen.

16 Badenweiler, Schutzdach über der römischen Thermenanlage. Foto 1981

17 Badenweiler, Verstärkte und erweiterte Schutzdachkonstruktion. Foto 1987

Bei der Konzeption eines Schutzdaches ist neben der Eigenart der Ruine auch ihre Umgebung mit zu berücksichtigen. Diese besteht üblicherweise aus einem Ruinengelände mit niedrigen Mauern und einem in der Höhe begrenzten Erscheinungsbild. Um dieses Ensemble nicht zu zerstören, müßte das Schutzdach entweder unsichtbar sein – eine Forderung, die sich leider nicht erfüllen läßt – oder als neue Qualität eine eigenständige Architekturform entwickeln, die als etwas Neues, Hinzugefügtes vom Besucher verstanden wird (vgl. Abb. 15). Bei einer einzelnstehenden Ruine, bei der die Rücksichtnahme auf umgebende niedrige Ruinenmauern entfällt, ist eine dem ehemaligen Baukörper angenäherte Form des Schutzdaches – der Versuch einer Rekonstruktion der ursprünglichen Form – eher möglich, als innerhalb eines Ruinenensembles. Doch auch in diesem Falle sollte das Schutzdach für den Betrachter deutlich als etwas dem originalen Bestand Hinzugefügtes kenntlich sein, als notwendig gewordener Witterungsschutz für ein bedeutendes Geschichtsdenkmal, dessen Erhaltung mit dieser Baumaßnahme erreicht werden soll.

Badenweiler
Römische Thermenanlage
Schutzdach über der Ruine
Ausführung: Geschweißte Stahlkonstruktion aus runden Stützen und Bindern aus Doppel-T-Profilen. Vouten über den Auflagern. Binderabstand ca. 5 m. Dachkonstruktion aus hölzernen Dreieckstrebenträgern, Schalung und einer Eindekkung aus Dachpappe. Erweiterung des bestehenden Daches durch seitliche Anbauten aus Stahlfachwerkträgern mit einer Abdeckung aus Zeltplanen.
Größe: ca. 18 × 52 m
Bauzeit: 1952–53, Erweiterung 1985
Literatur: W. Heinz, Die römische Thermenruine von Badenweiler und die Probleme ihrer Konservierung. In: DenkmPflBadWürt 8 (1979) S. 165–169

Sind Form und Größe des Schutzdaches festgelegt, stellt sich die Frage nach den zu verwendenden Materialien und Konstruktionen. Um die verschiedenen Möglichkeiten darzustellen, werden die folgenden Beispiele getrennt nach Materialien (Holz, Stahl, Mauerwerk, Stahlbeton) vorgestellt. Als weiteres Ordnungskriterium haben die Größe des zu schützenden Gegenstandes – vom Einzelobjekt bis hin zum ausgedehnten Ruinenareal – Berücksichtigung gefunden.

---

1 S. Settis, Umweltprobleme der Archäologie am Beispiel der Trajanssäule in Rom. In: B. Andreae (Hrsg.), Archäologie und Gesellschaft. Forschung und öffentliches Interesse. Stuttgart/Frankfurt 1981, S. 109–131

2 Hierzu vgl. die Entwürfe und Bauten des Architekten Frei Otto (Stuttgart) und die Publikationen des Instituts für Leichte Flächentragwerke (IL) der Universität Stuttgart, Leitung Frei Otto

3 D. Planck, Restaurierung und Rekonstruktion römischer Bauten in Baden-Württemberg. In: G. Ulbert und G. Weber (Hrsg.), Konservierte Geschichte? Antike Bauten und ihre Erhaltung. Stuttgart 1985, S. 130ff., Abb. 88

18 Zeltkonstruktion als temporäres Schutzdach (Aberdeen, Scotland 1975). Entwurf: Frei Otto. Abbildungen 18–21: Institut für Leichte Flächentragwerke (IL) Stuttgart

19 Gitterschale aus geraden, durchlaufenden Holzstäben. Die »Multihalle« auf der Bundesgartenschau Mannheim 1975. Entwurf: Frei Otto u. a.

20 *Seilnetzkonstruktion. Blick ins Innere des Instituts für Leichte Flächentragwerke der Universität Stuttgart. 1969 als Versuchsbau errichtet. Entwurf: Frei Otto u. a.*

21 *Inneres der »Multihalle« Mannheim*

22 *Seilnetzdach des IL vor der Eindeckung*

23 *Olympia, Kladeos-Thermen. Schutzdach über den Resten eines Töpferofens aus Lehmziegeln*

24 *Athen, Agora. Schutzdach über dem Torso einer Kultstatue des Süd-Ost-Tempels*

Schutzdächer über Einzelobjekten

Ein Beispiel für ein einfaches kleines Schutzdach findet sich in **Olympia** über einem spätklassischen Töpferofen in Haus III an den Kladeos-Thermen (Abb. 23). Die vier hölzernen Eckstützen sind in den Boden geschlagen und bilden mit den sie verbindenden Balken und den Kopfbändern eine steife Unterkonstruktion, auf der die von drei Dachlatten getragene Wellblechabdeckung aufliegt. Da der seitliche Dachüberstand zu gering ist, hat der Ofen aus Lehmziegeln schon viel von seiner Substanz verloren. Auch der vordere rechte Pfosten des Schutzdaches zeigt bereits deutliche Spuren des Verfalls. Holzkonstruktionen haben nur eine begrenzte Lebensdauer.

Ähnliche Konstruktionen wie diese findet man auf vielen Grabungsplätzen. Sie schützen den darunterliegenden Befund jedoch nur dann dauerhaft, wenn der Ablauf des Regenwassers gesichert ist und kein Spritzwasser (Tropfwasser vom Dachrand) das zu schützende Objekt erreichen kann.

Olympia
Kladeos-Thermen
Schutzdach über einem Töpferofen
Ausführung: Im Boden eingespannte Holzpfosten, die jeweils mit Kopfbändern zu einem Rahmen zusammengefaßt sind. Dacheindeckung aus Wellblech auf Holzlatten.
Größe: ca. 1,5 × 2 m

Athen
Agora
Schutzdach über dem Torso einer Kultstatue des Süd-Ost-Tempels
Ausführung: Im Boden eingespannte Stützen aus Rechteckrohr D = 2 × 5 cm. Geschweißte Verbindungen. Schräg geneigte Dachfläche mit Eindeckung aus Wellasbestzementplatten.
Größe: ca. 2 × 1,5 m

Aus Stahlprofilen konstruiert ist das Schutzdach über den Fragmenten einer Kultstatue des Süd-Ost-Tempels auf der Agora in **Athen** (Abb. 24). Alle Verbindungen sind geschweißt, die Pfosten in einem Betonfundament im Boden verankert, das leicht schräg geneigte Dach mit gewellten Asbestzementplatten eingedeckt, deren Profilierung jedoch noch etwas kleinteiliger hätte sein können im Verhältnis zu den dünnen Stahlrohren.

Von ähnlicher Form und Konstruktion, – mit seitlichen Stützen und angeschweißten Dachträgern –, ist das Schutzdach (Abb. 25, 26) über einem abgenommenen Rest der Wandmalerei in den Großen Thermen der Villa Hadriana in **Tivoli.** Der flache rückwärtige Teil des Daches entwässert hinter die Mauer, der steile vordere Teil hat eine kleine Regenrinne erhalten, damit das abtropfende Wasser vom Wind nicht gegen das restaurierte Wandstück geweht werden kann. Das Beispiel macht deutlich, was für ein erheblicher technischer Aufwand für die Konservierung von Wandmalereien am Ort erforder-

25, 26 Tivoli, Villa Hadriana. Schutzdachkonstruktion über einem restaurierten Stück Wandmalerei in den Großen Thermen

27 *Sardes, Gymnasium. Einfaches Schutzdach über einem byzantinischen Laden mit erhaltener Ausstattung*

Tivoli
Villa Hadriana, Große Thermen
Schutzdach über einem restaurierten Stück Wandmalerei
Ausführung: Im Boden eingespannte Rechteckrohre mit oberer Querstrebe. Schmale Dachflächen mit unterschiedlicher Neigung und einer Eindeckung aus Wellasbestzementplatten.
Größe: ca. 5 × 1 m

lich ist und welche Umgestaltung und Veränderung die Ruine durch die damit verbundenen baulichen Maßnahmen erfährt. Ob eine dauerhafte Sicherung der Malerei durch diese Maßnahmen gewährleistet ist, wird sich auch erst nach einigen Jahren herausstellen, denn das Schutzdach hält wohl den Regen ab, schützt aber nicht gegen Vandalismus und extreme Witterungsverhältnisse.

28 Rom, Area Sacra am Largo Argentina, Republikanische Tempel. Schutzdächer über den Resten der abgebrochenen Kirche S. Nicola in Calcarario

Schutzdächer über Fundkomplexen

Holzkonstruktionen

In **Sardes** (Türkei) wurde bei der Restaurierung der byzantinischen Ladenzeile in der Nähe des Gymnasiums ein kleines Schutzdach über einem der Läden mit noch erhaltenen Einbauten errichtet (Abb. 27). Das Dach liegt einseitig auf der wiederhergestellten Trennmauer auf und wird auf der freien Seite von zwei Holzpfosten gestützt. Die Dachkonstruktion besteht aus Sparren, einer aufgenagelten Holzschalung und einer Eindeckung aus modernen Ziegeln. Zum Schutz gegen Wind sind die Ziegel an den Rändern mit Steinen beschwert.

Da das Dach optisch in enger Verbindung zu der wieder aufgemauerten Trennwand zum Nachbargebäude steht, wurde ein Raum geschaffen, von dem der unbefangene Betrachter annehmen muß, daß dies die ehemalige Höhe und Größe des Ladens gewesen sei. Eine deutliche Trennung von Wand und Schutzdach würde diese Vorstellung nicht aufkommen lassen.

Ein ähnliches Problem besteht bei den Schutzdächern über den Resten der Apsiden der mittelalterlichen Kirche S. Nicola in Calcarario im Tempel A der Area Sacra am Largo Argentina in **Rom** (Abb. 28). Da die Form der Dächer sehr auf die Mauern bezogen ist, kann auch hier der Eindruck von mehreren kleinen Gebäuden nicht vermieden werden. Durch die etwas höher gemauerten Sparrenauflager ist wohl versucht worden, eine Trennung zwischen Wandflächen und Dächern zu erreichen, doch ist der Abstand zu gering, um der Vorstellung einer Rekonstruktion eines ehem. Bauwerks entgegenzuwirken.

Ohne erkennbaren Versuch einer Trennung von moderner Überdachung zu anti-

Sardes
Römisches Gymnasium
Schutzdach über byzantinischem Laden
Ausführung: Einseitige Ständerkonstruktion aus dünnen Hölzern mit festem Auflager auf der Trennwand zum Nachbarladen. Flaches Pultdach mit einer Eindekkung aus modernen Ziegeln auf Holzschalung.
Größe: ca. 3 × 4 m
Bauzeit: 1973
Literatur: G. M. A. Hanfmann, BASOR 215 (1974) S. 52

Rom
Area Sacra am Largo Argentina
Schutzdächer über den in den antiken Ruinen belassenen Resten der Absiden der Kirche S. Nicola in Calcarario
Ausführung: Hölzerne Dachstühle auf Dreiecksbindern mit eisernen Zugbändern. Auflager der Holzbalken auf Binder und Fußpfette. Flache Ziegeldächer auf Holzschalung.
Größte Spannweite: ca. 4,50 m
Bauzeit: um 1931
Literatur: G. Marchetti-Longhi, Gli Scavi del Largo Argentina, Teil III. Roma 1938

29 Pompeji, Casa della Fontana grande

30 Pompeji, Gartentriklinium

31 Glanum, Maison des Antes

32 Glanum, Maison du Capricorn. Schutzdach über den Fußbodenmosaiken

Pompeji
Casa della Fontana grande (VI 8, 22)
Schutzdach über dem Brunnen im Garten
Ausführung: Hölzerner Dreiecksbinder mit First- und Fußpfette. Dacheindekkung aus Wellblech auf Holzlatten.
Größe: ca. 4 × 5 m

Pompeji
Schutzdach über Gartentriklinium und Brunnen (II, 8)
Ausführung: Dünne Eisenschienen als Tragkonstruktion. Flaches Satteldach; Eindeckung Wellasbestzementplatten.
Größe: ca. 12 qm

Glanum (St.-Rémy-de-Provence)
Maison des Antes
Schutzdach über einem Raum mit Fußbodenmosaiken
Ausführung: Auf gemauerten Pfeilern aus Naturstein aufliegende Konstruktion aus Rundhölzern. Flaches Pultdach mit einer Eindeckung aus Mönch- und Nonnenziegeln auf Holzlattung.
Größe: ca. 4 × 5 m
Literatur: F. Salviat, Glanum (Saint-Rémy-de-Provence). 1980

Glanum (St.-Rémy-de-Provence)
Maison du Capricorn
Schutzdächer über zwei Räumen mit Fußbodenmosaiken
Ausführung: Auf gemauerten Pfeilern aus Naturstein aufliegende Holzkonstruktion aus Rundhölzern. Zwei gegeneinander versetzte flache Pultdächer mit einer Eindeckung aus Mönch- und Nonnenziegeln auf Holzlattung.
Größe: ca. 10 × 13 m

kem Bestand liegt das Schutzdach über dem Brunnen in der Casa della Fontana grande (VI 8, 22) in **Pompeji** direkt auf den mächtigen Säulen auf (Abb. 29). Aber gerade dieser Bereich, der ehemalige Garten des Hauses, war in der Antike unbedeckt, das heute freiliegende Mosaik dagegen überdacht. Das Schutzdach kehrt die ursprünglichen architektonischen Verhältnisse um. Um dies zu verdeutlichen, wäre eine schon durch das verwendete Material unterscheidbare Konstruktion, z. B. eine dünne Stahlkonstruktion mit einer lichtdurchlässigen Eindeckung, besser gewesen. Sie würde durch das neuzeitliche Material den Besucher darauf hinweisen, daß das Schutzdach an dieser Stelle keine Rekonstruktion des ursprünglichen Zustandes ist, sondern eine neuzeitliche Zutat, eine notwendige Maßnahme zur Erhaltung des Brunnens.

Das gleiche gilt für die Wellblechabdekkung über dem Gartentriklinium in der Nähe der Palästra (Abb. 30). Auch hier ist durch das Schutzdach aus der ehemals wahrscheinlich nur mit einer leichten Pergola überdeckten Ruhebank ein Viersäulenbau mit Satteldach geworden.

Eine besondere Form einfacher Schutzdächer über Mosaiken und Wandmalereien findet sich in **Glanum** (St.-Rémy-de-Provence). So wurde hier über einem Raum mit Fußbodenmosaiken im Maison des Antes ein niedriges Schutzdach errichtet (Abb. 31), dessen Tragkonstruktion auf zwei gemauerten quadratischen Pfeilern aufliegt, die gerade so hoch sind, daß der Besucher einen Blick auf das Mosaik werfen kann. Durch die geringe Höhe des Daches wird einerseits verhindert, daß die Besucher das Mosaik betreten (zusätzlicher Schutz bietet ein Stahlrohrgeländer), gleichzeitig wird das nur aus niedrigen

33 *Vaison-la-Romaine, Praetorium. Schutzdach über den Räumen mit Wandmalereien*

34 *Vaison-la-Romaine, Maison des Messii. Schutzdach über einem Raum mit Fußbodenmosaiken und Wandmalereien*

35 Vaison-la-Romaine, Maison du Buste en Argent

Vaison-la-Romaine
Praetorium
Schutzdach über zwei Räumen mit Wandmalereien
Ausführung: Auf vier gemauerten Pfeilern und der Ruinenrückwand aufliegende Holzkonstruktion aus Rundhölzern. Flaches Pultdach mit einer Eindekkung aus Mönch- und Nonnenziegeln auf Holzlattung.
Größe: ca. 12 × 6 m

Vaison-la-Romaine
Maison des Messii
Schutzdach über einem Raum mit Fußbodenmosaiken und Wandmalereien
Ausführung: Auf den Ruinenmauern aufgelagerte Rundhölzer. Flaches Pultdach mit einer Eindeckung aus Mönch- und Nonnenziegeln auf Holzlattung.
Größe: ca. 7 × 4 m

Vaison-la-Romaine
Maison du Buste en Argent
Schutzdach über Mosaikfußboden
Ausführung: Auf vier Betonpfeilern und den Ruinenmauern aufliegende Holzkonstruktion aus Rundhölzern. Dachdeckung aus Mönch- u. Nonnenziegeln.
Größe: ca. 8 × 5 m

Mauerresten bestehende Ruinenensemble optisch nicht durch ein hohes Gebäude belastet.

Nach dem gleichen Prinzip, jedoch etwas größer und höher – hier sind in der Nähe hoch anstehende Ruinenmauern vorhanden – ist das Schutzdach im Maison du Capricorn erbaut (Abb. 32). Als Tragkonstruktion sind wieder kräftige Rundhölzer auf quadratischen Mauerpfeilern verwendet worden. Die Eindeckung aus den ortsüblichen Mönch- und Nonnenziegeln liegt auf einer engen Lattung und ist mit Steinen beschwert. Zum Schutz der Mosaikböden gegen Betreten sind die Räume mit einem Maschendrahtzaun umgeben.

In **Vaison-la-Romaine** (Provence) sind zum Schutz der Wandmalereien im Praetorium und dem Maison des Messii mehrere Räume überdacht worden (Abb. 33, 34). Die Dächer liegen vorn auf massiven Querbalken und hinten auf den Rückwänden der jeweiligen Gebäude auf. Die Dachdeckung aus Mönch- und Nonnenziegeln unterscheidet sich nicht von der Eindeckung der den Grabungsplatz umgebenden Häuser und fügt sich gut in das Ortsbild ein. Der seitliche Dachüberstand ist jedoch zu gering für einen ausreichenden Schutz der Wandmalereien an der Querwand. Hier sind bereits erhebliche Schäden zu erkennen (Abb. 34), die ganz offensichtlich aus der Durchfeuchtung des Wandputzes herrühren.

Auch der seitliche Überstand des Schutzdaches über einem Raum mit Mosaiken und Wandmalereien im Maison du Buste en Argent (Abb. 35) ist nicht groß genug, so daß auch hier Schlagregen und Schnee durch die seitlichen Öffnungen auf die Mosaikfläche fallen und den Wandputz durchnässen.

36 Magdalensberg, Händlerniederlassung. Freilichtmuseum im Ostteil des Grabungsgeländes. Schutzdächer über einzelnen Gebäuden. Glasvitrinen und Schaukästen mit Fundgegenständen

37 Magdalensberg. Ansicht des Freilichtmuseum von Südosten

38 Magdalensberg. Schutzdach über Töpferofen

Im Gegensatz zu den bisherigen Beispielen mit gemauerten Stützen hat das letztgenannte Schutzdach Stützen aus Stahlbeton. Damit wird durch ein neuzeitliches Material signalisiert, daß Dach und Stützen keine Rekonstruktion eines historischen Zustandes sein sollen. Durch die Verwendung von Beton wird jedoch auf der Grabungsstätte ein neues Material eingeführt, das durch seine fugenlose Oberfläche ganz andere Material- und Proportionsverhältnisse zeigt als ein Mauerwerksbau. Will man sich aus architektonisch-ästhetischen Gründen wirklich von der historischen Bauweise abwenden, so spricht vieles dafür, Materialien zu verwenden, die Konstruktionen in anderen Dimensionen ermöglichen als der Stein- und Ziegelbau der Antike: beispielsweise Stahl und Glas. Will man sich jedoch dem Ruinenensemble und seinen Maßproportionen anpassen – was bei kleineren Bauten immer von Vorteil ist –, so liegt es nahe, historische Konstruktionsformen und Materialien zu benutzen: Naturstein, Ziegel, Holz. Durch die weitgehende Übereinstimmung mit den originalen Baumaterialien wird die optische Angleichung an das Aussehen der Ruine gefördert. Das Schutzdach erscheint dadurch so unaufdringlich wie möglich.

Ein gutes Beispiel hierfür sind die Dächer über den restaurierten Häusern der römischen Siedlung auf dem **Magdalensberg** in Kärnten (Österreich) (Abb. 36–38, 208). Die einzelnen Dachflächen, die auf die Hauptmauern Bezug nehmen, reihen sich mit unterschiedlichen Dachneigungen aneinander. Insgesamt ergibt sich dadurch eine lebhafte Dachlandschaft, die die Kleinteiligkeit der ehemaligen Bebauung noch erkennen läßt, sich aber auch gut in die landschaftliche Situation einpaßt. Die einzelnen Dächer bestehen aus einfachen, rustikalen Holzkonstruktionen in landesüblicher Bauweise, die mit Holzschindeln eingedeckt sind.

Als Besonderheit findet der Besucher hier Grabungsfunde aus einzelnen Häusern in Vitrinen ausgestellt, die im Freien vor den Häusern aufgestellt sind. Damit ist versucht worden, die übliche Trennung der im Museum aufbewahrten Funde von

Magdalensberg
Händlerniederlassung
Freilichtmuseum im Ostteil des Grabungsgeländes. Schutzdächer über verschiedenen Räumen bzw. Gebäuden
Ausführung: Holzkonstruktion über wiederaufgebauten Mauern und freistehenden Stützen. Flache Pultdächer mit einer Eindeckung aus Holzschindeln auf Balken und Lattung.
Größte Spannweite: ca. 8 m
Bauzeit: seit 1978
Entwurf: Gernot Piccottini, Klagenfurt
Literatur: G. Piccottini, Die Ausgrabungen auf dem Magdalensberg 1978–1980. In: Carinthia I (1980) S. 41–65

39 Weinsberg, Römischer Gutshof. 1906 erbautes Schutzdach über der ausgegrabenen Thermenanlage (1976 restauriert)

40 Weinsberg. Die konservierten Ruinenmauern unter dem Schutzdach

41 *Merdingen. Schutzdach über römischer Therme*

Weinsberg
Römischer Gutshof
Schutzdach über der Badeanlage
Ausführung: Durch Kopfbänder und Zangen stabilisierte Fachwerkständer-Konstruktion über den restaurierten Originalmauern. Steile Walmdächer mit einer Eindeckung aus Biberschwanzziegeln auf Lattung.
Größe: ca. 175 qm
Bauzeit: 1906, Restaurierung 1976
Literatur: D. Planck, Der römische Gutshof von Weinsberg. Weinsberg 1979 (Faltblatt)

Merdingen
Römischer Gutshof
Schutzdach über der Badeanlage
Ausführung: Fachwerkständerkonstruktion auf Betonfundamenten. Stützenraster im gleichen Abstand von den Mauerzügen. Walmdach mit einer Eindeckung aus dunklen Asbestzementplatten (Schieferimitation) auf Holzschalung.
Größe: ca. 100 qm
Bauzeit: 1981–82
Architekt: Hans Schillinger, Ihringen
Literatur: G. Fingerlin, Restaurierung eines römischen Badegebäudes in Merdingen, Kreis Breisgau-Hochschwarzwald. In: DenkmPflBadWürt 12 (1983) S. 13–15

ihren Fundorten durch die Einrichtung eines Freilichtmuseums aufzuheben. Die Glasvitrinen, wie auch die an den Wänden befestigten Schaukästen, werden außerhalb der Besuchssaison ausgeräumt und die Schaustücke während dieser Zeit im Museum verwahrt.

Bereits aus dem Jahre 1906 stammt das Schutzdach über dem Badegebäude des römischen Gutshofes bei **Weinsberg** am Neckar (Baden-Württemberg) (Abb. 39, 40). Die Höhe der Mauern beträgt nicht mehr als 50–80 cm. Direkt darüber beginnt die dunkel gestrichene hölzerne Ständerkonstruktion mit einer differenzierten Dachausbildung. Das Dach folgt der Form des ehemaligen Gebäudes, zeigt jedoch deutlich, daß an eine wirkliche Rekonstruktion des Gebäudes nicht gedacht ist. Es ist ein gutes Beispiel für die Vereinbarkeit des Wunsches nach Wiederherstellung der ehem. Form und der denkmalpflegerischen Forderung nach Erkennbarkeit des Hinzugefügten unter Einsatz neuzeitlicher Gestaltungsmöglichkeiten.

Nach einer ähnlichen Konzeption, jedoch einfacher, wurde das Schutzdach über dem Bad des römischen Landhauses in **Merdingen** bei Freiburg (Baden-Württemberg) erbaut (Abb. 41). Die Ständer der Dachkonstruktion sind auf konische Betonfundamente neben die Originalmauern gesetzt. Das Stützenraster des Daches folgt weitgehend dem Verlauf der Außenmauern, so daß der ehemalige Baukörper in etwa wieder ablesbar wird. Der weite Dachüberstand gibt der Ruine einen sicheren Wetterschutz. Darüber hinaus unterstreicht das Schutzdach optisch sehr stark die historische Bedeutung der Ruine und schafft somit einen weithin sichtbaren »bedeutungsvollen Ort« in der Landschaft.

42 Athen, Kerameikos. Schutzdach über einer archaischen Grabmalbasis. Fotos: G. Zimmer 1982

43 Athen, Kerameikos. Provisorisches Schutzdach aus »Dexion«-Profilen am Heiligen Tor

44 Pompeji. Nicht mehr funktionsfähige Schutzvorrichtung für Wandmalerei

Athen
Kerameikos
Verschiedene Schutzdächer
Ausführung: Geschraubte bzw. geschweißte Rahmenkonstruktionen aus leichten Stahlprofilen und gelochten Winkeleisen (»Dexion«-Profile). Flache Pultdächer mit einer Eindeckung aus transparenten Kunststoffwellplatten.

Pompeji
Schutzdächer über Wandmalereien und Inschriften
Ausführung: An den Wänden befestigte, 20–30 cm breite Streifen aus Glas, Blech oder Asbestzementplatten auf eisernen Halterungen. Senkrecht abrollende Stoffmarkisen als Sonnenschutz.

Stahlkonstruktionen

Weitaus zierlicher als die doch recht kräftigen Holzkonstruktionen sind Schutzdächer aus Stahl. Leicht und filigranartig bilden diese dünnen Tragwerke einen deutlichen Kontrast zu den massiven antiken Steinbauten und eignen sich deshalb besonders gut zur Betonung des Schutzdaches als eines neuzeitlichen Wetterschutzes (Regenschirm). In unterschiedlichen Formen, als Pult-, Sattel- oder Zeltdach ausgeführt, finden sie sich auf vielen Grabungen, so auch auf dem Kerameikos in **Athen** (Abb. 42, 43). Sie sind hier aus gelochten Winkelprofilen (»Dexion«-Profile) und transparenten Wellplatten konstruiert und erscheinen durch ihre geringe Höhe, die eine Betrachtung der darunterliegenden Objekte fast unmöglich macht, und die baukastenartigen Profile als eine nur provisorische Schutzmaßnahme ohne besonderen architektonischen Anspruch.

Die Sorge um die Erhaltung der empfindlichen Wandmalereien, Stukkaturen und Inschriften an den Hauswänden in **Pompeji** hat schon früh die Ausgräber veranlaßt, kleine Schutzdächer und Markisen anzubringen, in der Hoffnung, damit die weitere Zerstörung durch Regen und Sonneneinstrahlung aufhalten zu können (Abb. 44–48). Die unterschiedlichsten Arten findet man heute noch im ganzen Stadtgebiet, oft zerstört oder nur noch in Fragmenten erhalten.

Von den älteren Schutzdächern aus genieteten Stahlprofilen mit Wellblechabdekkung und Regenrinne (Abb. 48) haben sich nur wenige erhalten. Sie erfüllen jedoch noch immer ihren Zweck, ganz im Gegensatz zu den oft nur 10–15 cm auskragenden Glasstreifen an den Hauswänden,

49 *Pompeji, Casa della Venere in conchiglia. Schadhaftes Schutzdach über dem Wandgemälde. Foto 1979*

50 *Pompeji, Casa di Vesonius Primus. Schadhaftes Schutzdach über dem Wandgemälde. Foto 1983*

51 Herkulaneum, Casa di Nettuno e Anfitrite. Schutzdach über dem Hof

Pompeji
Casa della Venere in conchiglia (II 3, 3)
Schutzdach über den Wandmalereien
Ausführung: Weitgespannter Stahlträger als Auflager des flach geneigten Pultdaches. Dacheindeckung aus Glasplatten zwischen dünnen T-Profilen. Nach der Zerstörung des Glasdaches Eindeckung mit Wellasbestzementplatten.
Größe: ca. 8 × 2,50 m

Pompeji
Casa di Vesonius Primus (VI 14, 20)
Schutzdach über den Wandmalereien
Ausführung: Im Boden eingespannte Stahlrohrstützen mit darüberliegendem Stahlträger. Schräges Pultdach mit einer Eindeckung aus Glasplatten zwischen dünnen T-Profilen.
Größe: ca. 5 × 2,50 m

über den Gemälden im Garten der Casa della Venere in conchiglia (II 3, 3) (Abb. 49). Breite Rostfahnen, die von den Eisensprossen ausgehen, zeigen, daß die Dichtung der Glasplatten nicht mehr intakt ist. Nur das schmale Ziegelgesims über dem Gemälde hat verhindert, daß sie sich auch über die Malerei ausgebreitet haben. Eine andere Neigung des Schutzdaches – nach vorn geneigt –, wie z. B. in der Casa di Vesonius Primus (VI 14, 20), hätte diese Gefährdung verhindern können (Abb. 50).

Auch der Gartenhof der Casa di Nettuno e Anfitrite in **Herkulaneum** ist mit einem Glasdach abgedeckt. Der Raum ist dadurch gut belichtet, doch sieht man auch hier an den Wänden die Spuren des undichten Daches (Abb. 51).

Die Vorteile der Glasdächer – Lichtdurchlässigkeit und geringes Materialgewicht – werden bei unterlassener Wartung und Pflege zu erheblichen Nachteilen. So sind Glasscheiben relativ schlagempfindlich (auch Drahtglas), ist jede Verschmutzung auch von unten sichtbar, verspröden die neuzeitlichen Dichtungsmassen durch UV-Strahlung und werden undicht. Trotzdem wird man für den Bau von Schutzdächern auf transparente Materialien nicht verzichten können. Als Ersatzmaterialien für Glas bieten sich transparente Kunststoffe an, z. B. glasfaserverstärkte Polyesterplatten, die jedoch im Laufe der Zeit durch UV-Strahlung vergilben, oder das teuere, jedoch schlagfeste und nicht vergilbende Acrylharz (»Plexiglas«).

Da unter Glasdächern bei Sonneneinstrahlung ein erheblicher Wärmestau entsteht (Treibhauseffekt), muß für eine ausreichende Querlüftung gesorgt werden. In Verbindung mit aufsteigender Boden-

52 *Pompeji, Casa di Diadumeni. Neuzeitliche Schutzdächer über einzelnen Räumen des Hauses*

53 *Pompeji, Casa del Chirurgo. Neuzeitliches Schutzdach über dem Eingang des Hauses. Foto 1983*

54 Pompeji. Schutzdachkonstruktion

Herkulaneum
Casa di Nettuno e Anfitrite
Schutzdach über dem Garten
Ausführung: Auf den Wänden aufliegendes schräges Pultdach. Dacheindeckung aus Glasplatten zwischen T-Profilen.
Größe: ca. 4,5 × 7 m

Pompeji
Schutzdächer über einzelnen Räumen und Raumgruppen
Ausführung: Im Mauerwerk verankerte geschweißte Stahlkonstruktionen aus ekkigen Hohlprofilen. Überdeckung der einzelnen Räume in verschiedenen Höhen und mit unterschiedlichen Neigungen. Dacheindeckung aus roten Wellasbestzementplatten. Dachentwässerung durch Rinnen und Regenrohre aus Kunststoff.
Größe: entsprechend den darunterliegenden Räumen
Bauzeit: seit 1980

feuchtigkeit entstehen sonst in kurzer Zeit Kolonien von Algen und Moosen, die das Mauerwerk »begrünen« (Abb. 126, 130).

Seit einigen Jahren werden in **Pompeji**, parallel zu den rekonstruierenden Wiederaufbaumaßnahmen in Mauerwerk und Beton, über einzelnen Häusern Schutzdächer aus leichten Stahlkonstruktionen errichtet (Abb. 52–54). Diese Schutzdächer bestehen aus einer Tragkonstruktion aus rechteckigen bzw. quadratischen Hohlprofilen, die in einigem Abstand von den Mauerkronen einzelne Räume überdecken. Die Stützen sind direkt im originalen Mauerwerk verankert. Die Dacheindeckung besteht aus roten Asbestzementplatten mit geringer Profilierung. Vorgehängte Rinnen und Fallrohre aus Kunststoff leiten das Regenwasser ab.

Auf Grund ihrer Leichtigkeit und Kleinteiligkeit passen sich diese Schutzdächer optisch der Ruinenlandschaft erstaunlich gut an. Sie sind für den Besucher eindeutig als moderne Zutaten zu erkennen, doch gleichzeitig auch ein »Ersatz« für die originalen Dachflächen. Ihre Verankerung im Mauerwerk erscheint jedoch wegen der Rostgefahr und der damit verbundenen Rostsprengung, die das Mauerwerk auseinandertreiben kann, problematisch. Auch entstehen durch die große Anzahl kleinteiliger Dächer erhebliche Folgelasten, denn um die Schutzdächer auf Dauer funktionsfähig zu erhalten, müssen sie regelmäßig gewartet und kontrolliert werden (Anstrich, Rinnen säubern, schadhafte Dachplatten auswechseln, usw.).

Stahlkonstruktionen eignen sich nicht nur für leichte Dachkonstruktionen über einzelnen Räumen, sondern auch für den Bau von freistehenden Schutzdächern, die auf

55 *Pompeji, Schutzdach über dem Grabmal des C. Vestorius Priscus vor der Porta Vesuvio. Foto 1979*

56 *Aegina, Aphaia-Heiligtum. Schutzdach über den Baderäumen am Propylon*

Grund der großen Stabilität des Materials nur dünne Stützen als Traggerüst benötigen.

Das Grabmal des Caius Vestorius Priscus in **Pompeji** vor der Porta Vesuvio wurde ehemals von einem pyramidenförmigen Glasdach überdeckt, einer leichten, weit auskragenden Konstruktion aus vier Stahlrohrstützen und dünnen Eisensprossen, in die die Glasscheiben eingebettet waren. Nach der teilweisen Zerstörung der Glasplatten wurde auf der alten Unterkonstruktion eine Wellblechabdeckung befestigt, die jedoch das Grabmal so abdunkelt, daß man von weitem nur noch den weißen Sockel sieht. Der Aufbau bleibt im Dunkeln und scheint im Kegel des Schutzdaches zu verschwinden (Abb. 55).

Der Wunsch, das Schutzdach so wenig wie möglich optisch im Grabungsgelände erscheinen zu lassen, war auch der Ausgangspunkt für die architektonische Konzeption der Überdachung der Baderäume am Propylon des Aphaia-Heiligtums auf der Insel **Aegina** im Saronischen Golf (Griechenland) (Abb. 56). Die Konstruktion besteht aus leichten Stahlrohren, die direkt im Fels verankert sind. Das flache Dach ist mit ebenen Asbestzementplatten auf einer Holzlattung eingedeckt. Die Stützen dienen gleichzeitig zur Befestigung für die Absperrseile, die den Besuchern den Zutritt zu diesem Komplex verwehren sollen.

An der Nordseite, dort wo das Geländeniveau etwas höher liegt und eine Mauer an das Dach anschließt, ist bereits öfter von Touristen versucht worden, auf das Dach zu klettern, um dieses als erhöhten Fotostandpunkt zu benutzen. Nach mehrfacher Zerstörung der dünnen Asbestzementplatten, warnt heute ein Schild vor dem Betreten des Daches.

Schutzdächer aus Stahlkonstruktionen, oftmals einfach und ohne großen architektonischen Anspruch errichtet, finden sich auf vielen Grabungsstätten, denn sie haben gegenüber anderen Materialien unbestreitbare Vorteile: sie sind leicht herzustellen und zu montieren, stabil auch bei dünnen Profilen, erfordern keine umfangreichen Fundamentierungen, sind witterungsbeständig und relativ pflegeleicht. Die eigentliche Tragkonstruktion kann ganz nach den vorliegenden Gegebenheiten konzipiert werden und als Dacheindeckung kann, auf einer entsprechenden Unterkonstruktion, fast jedes Material verwendet werden.

Pompeji
Grabmal des Caius Vestorius Priscus
Schutzdach über dem Grabmal
Ausführung: Geschweißte Stahlrohrkonstruktion aus runden Hohlprofilen. Zeltdach mit einer Eindeckung aus Glasplatten zwischen dünnen Stahlsprossen. Nach Zerstörung des Glasdaches durch Wellblech ersetzt.
Größe: ca. 7,5 × 7,5 m
Literatur: L. d'Amore, Pompei. Neapel o. Jg., S. 80

Aegina
Aphaia-Heiligtum
Schutzdach über den Baderäumen am Propylon
Ausführung: Im Felsboden verankerte geschweißte Stahlkonstruktion aus dünnen runden Hohlprofilen (D = 5 cm). Leicht geneigtes Pultdach mit einer Eindeckung aus ebenen Asbestzementplatten auf Lattung.
Größe: ca. 3 × 6 m

57 *Phaistos, Minoischer Palast. Schutzdach über den Magazinräumen auf der Westseite des Palastes*

58 *Hagia Triada, Minoischer Palast. Schutzdach über einem Repräsentationsraum*

59 Phaistos. Blick auf das Schutzdach (vgl. Abb. 57)

60 Phaistos. Schutzdach über der Alabasterhalle (vgl. Abb. 61)

Phaistos
Minoischer Palast
Schutzdach über einem Magazinraum
Ausführung: Allseitig aufgelagerte Dekkenplatte aus Stahlbeton.
Größe: ca. 5 × 2,50 m

Hagia Triada
Minoischer Palast
Schutzdach über einem Repräsentationsraum
Ausführung: Auf drei Wänden und einem Unterzug aufgelagerte Stahlbetonplatte.
Größe: ca. 6 × 5 m

Stahlbetonkonstruktionen

Stahlbeton ist ein sehr dauerhaftes und widerstandsfähiges Material, das sich in fast jede Form gießen läßt. Durch eingelegte Bewehrungseisen lassen sich große Stützweiten überspannen und biegesteife Verbindungen zwischen Stütze und Dach erreichen. Die Herstellung ist problemlos und die erforderlichen Materialien – Sand, Kies und Zement – sind überall zu bekommen.

Stahlbeton als Baumaterial eignet sich wegen seiner hohen Tragfähigkeit und Witterungsbeständigkeit besonders gut zum Überdecken von Räumen und zur Herstellung von Geschoßdecken innerhalb eines aus höheren Mauern bestehenden Ruinenbereichs. Dagegen wirken Schutzdächer auf Betonstützen zumeist plump und zu massiv, da ihnen die kleinteilige Struktur des Natursteinmauerwerks wie auch die Schlankeit der Stahlkonstruktion fehlt.

Wie gut sich Schutzdächer aus Beton als einfache Deckenplatten in hoch anstehende Ruinen einfügen können, zeigen zwei Beispiele aus Kreta. In **Phaistos** sind einige Magazinräume auf der Westseite des minoischen Palastes mit Betondecken abgedeckt worden (Abb. 57, 59). Als Auflager dienen die wiederaufgebauten Wände. In **Hagia Triada** liegt die Betondecke dagegen auf einer Seite auf einem Unterzug auf (Abb. 58). Hierdurch wurde es möglich, die an die restaurierten Türpfeiler anschließende Mauer in ihrer originalen Form zu erhalten. Das moderne Dach ist deutlich vom antiken Bestand zu unterscheiden, fügt sich aber trotzdem gut in die architektonische Struktur der Ruine ein.

61 Phaistos, Minoischer Palast. Schutzdach über der Alabasterhalle

62 Herkulaneum. Ansicht der Südseite der Stadt mit Blick auf die Schutzdächer der Casa della gemma (rechts) und Casa dei cervi (links)

63 Phaistos. Schutzdach über den Baderäumen

Phaistos
Minoischer Palast
Schutzdach über der Alabasterhalle
Ausführung: Stahlbetonkonstruktion mit Unterzügen und flacher Deckenplatte. Stützen im Bereich des originalen Mauerwerks.
Größe: ca. 7 × 5 m

Phaistos
Minoischer Palast
Schutzdach über den Baderäumen
Ausführung: Stahlbetonkonstruktion mit flacher Deckenplatte. Stützen (D = 80 × 80 cm) im Bereich des originalen Mauerwerks.
Größe: ca. 9 × 6 m

Herkulaneum
Casa della gemma
Schutzdach über dem großen Triclinium
Ausführung: Mischkonstruktion aus Ziegelpfeilern, Stahlbetonunterzügen und einer Stahlbetonrippendecke. Flaches Pultdach mit Ziegeleindeckung.
Größe: ca. 7 × 8 m

In **Phaistos** finden sich weitere Beispiele für Schutzdächer aus Beton, so über einigen Räumen des Palastes mit noch erhaltenen Wand- und Fußbodenverkleidungen. In der Alabasterhalle (Abb. 60, 61) sind die Stützen auf die Plätze der ehemaligen Wandpfeiler bezogen, die Decke nimmt Bezug auf die ehemalige Raumhöhe und nur die Unterzüge spannen frei über die rekonstruierten Säulenstümpfe. Das Schutzdach ist als Teilrekonstruktion entworfen, doch auf Grund der ästhetischen Eigenständigkeit der Tragkonstruktion, die sich vom Material her stark von der originalen Substanz unterscheidet, nur schwer als solche zu erkennen.

Noch deutlicher wird dieses, aus der Massivität der Betonkonstruktion resultierende Problem bei dem Schutzdach über den Baderäumen (Abb. 63). Das ursprüngliche Mauerwerk ist hier nur bis ca. 1 m hoch erhalten, das Schutzdach jedoch in einer Höhe von 4 m – analog der ursprünglichen Deckenhöhe – errichtet worden. Die massiven Stützen, die Unterzüge und die rechteckige Dachplatte lassen auf Grund ihres architektonischen Eigenwerts weder den Raumeindruck noch die Vorstellung einer Teilrekonstruktion des ehemaligen Gebäudes aufkommen.

Von ähnlicher Schwere wie diese beiden Konstruktionen ist das Schutzdach über dem Mosaikfußboden des großen Tricliniums in der Casa della gemma in **Herkulaneum** (Abb. 62). Die sieben kräftigen Ziegelpfeiler sind direkt auf dem restaurierten Mauerwerk errichtet. Darüber liegen ähnlich massiv dimensionierte Betonträger, die eine stark profilierte Rippendecke tragen. Die Eindeckung besteht aus Dachziegeln, die von weitem suggerieren, daß dieses Gebäude eine Rekonstruktion des ehemaligen Zustandes sei, wie z.B. der

64 Saqqara, Grabbezirk des Königs Djoser. Schutzdach über der Eingangshalle

65 Karatepe. Schutzdach über dem Nordtor der hethitischen Burganlage. Die einzelnen Dächer sollen die bauliche Struktur des ehem. Burgtores verdeutlichen

66 Saqqara. Ansicht des Schutzdaches von der Hofseite. Im Vordergrund die wieder errichteten Säulen des Portikus mit geraden Schutzabdeckungen

Saqqara
Grabbezirk des Königs Djoser
Schutzdach über der Eingangshalle
Ausführung: Stahlbetonkonstruktion aus quadratischen Stützen, Unterzügen und flacher Deckenplatte. Wandflächen zwischen den Stützen bis zur halben Höhe mit Natursteinmauerwerk ausgefacht.
Größe: ca. 54 × 9 m

Karatepe
Hethitische Burganlage
Schutzdach über dem nördlichen Burgtor
Ausführung: Flache Stahlbetondächer in verschiedenen Höhen auf quadratischen Stützen. Dachkonstruktion mit schrägen Rändern und Rippen in Quer- und Längsrichtung.
Größe: ca. 100 qm

Gartenpavillon des Nachbarhauses, der Casa dei cervi (Abb. 62, links).

In Anlehnung an Größe und Form des ehemaligen Gebäudes wurde das Schutzdach über der 1926 freigelegten Eingangshalle im Grabbezirk des König Djoser in **Saqqara** (Ägypten) entworfen (Abb. 64, 66). Diese Intention bleibt dem Besucher aus mehreren Gründen verborgen. Zum einen steht die moderne Form des Daches nicht im Kontext der sonst in Saqqara ausgeführten sorgfältigen Rekonstruktions- und Restaurierungsarbeiten mit historischen Materialien, andererseits ist die gewählte architektonische Form von so großer Eigenständigkeit, daß man kaum auf den Gedanken kommt, einen Zusammenhang zwischen den halbhohen seitlichen Mauern – den ehemaligen Außenwänden der Halle – und dem Dach herzustellen. Da auch keine erkennbare optische Verbindung zu den vier originalen Doppelsäulen, wie auch den originalen Außenwänden dieses Vorraumes, hergestellt worden ist, vermittelt das Dach nur die Vorstellung von »moderner funktionalistischer Architektur«, was noch durch die kantigen Formen und die große Höhe unterstrichen wird.

Ähnliches gilt auch für das Schutzdach über dem nördlichen Tor der hethitischen Burganlage Asitawadi **(Karatepe)** in der Türkei (Abb. 65). Hier sollen die massiven Betondächer die unterschiedlichen Höhen des ehemaligen Gebäudes – von Tortürmen, Torweg und Torkammer – andeuten, doch erscheinen sie dem Besucher eher als interessante formale Lösung eines Schutzdaches, als ein Ensemble einzelner, sich frei über dem Grundriß entfaltender Dächer, denn als Rekonstruktion der Kubatur des ehemaligen Gebäudes.

67 *Sardes, Grabungsareal Pactolus Nord. Schutzdach über einem lydischen Goldscheideofen*

68 *Sardes. Ansicht des Grabungsareals mit Schutzdach und Mauerabdeckungen aus Beton*

69 Sardes, Grabungsgebiet Pactolus Nord

70 Konya. Betonkuppel als Schutzdach über dem Kiosk des Alâeddin (Postkarte)

Sardes
Grabungsareal Pactolus Nord
Schutzdächer über Goldscheideöfen
Ausführung: Stahlbetonrahmen mit flacher Dachplatte. Seitliche Ränder aufgebogen. Anstrich mit Erdfarben.
Größe: ca. 6 × 4 m; 5 × 4,5 m
Bauzeit: 1973
Architekt: Edward D. Russel
Literatur: G. M. A. Hanfmann, BASOR 215 (1974) S. 43–44, Abb. 16–17

Das Besondere des Materials Beton besteht für den Architekten in der Möglichkeit einer freien formalen Gestaltung, für den Archäologen in der einfachen Herstellung, der langen Haltbarkeit und den relativ geringen Kosten, denn auch noch weitab von hochspezialisierten Stahlbaufirmen finden sich immer noch Maurer, die eine Schalung herstellen und Beton hineingießen können.

In **Sardes** (Türkei), auf dem Grabungsareal Pactolus Nord, einem lydischen Wohngebiet mit Sakralbauten und Goldschmiedewerkstätten, sind nach dem Entwurf des Architekten Edward D. Russell über zwei antiken Goldscheideöfen Schutzdächer aus Beton errichtet worden (Abb. 67–69). Die beiden Dächer mit ihren aufgebogenen Rändern sind die einzigen hohen Bauten auf der Grabungsstätte und bestimmen entscheidend das Aussehen des Platzes, wie auch die massiven Mauerabdeckungen aus dem gleichen Material. Ohne Zweifel zeichnen sich die Schutzdächer und die massiven Mauerkronen durch einen formalen Eigenwert und große Haltbarkeit aus, doch haben die Schutzmaßnahmen die originalen antiken Ruinen in ihrer optischen Bedeutung stark in den Hintergrund gedrängt.

Wie sehr die Architektur eines Schutzdaches die Ruine »erschlagen« kann, zeigt das Beispiel der Überdeckung des seldschukischen Palastes in **Konya** (Türkei) (Abb. 70). Ohne Beziehung zu der Architektur der Ruine, wie auch den umliegenden Gebäuden, demonstriert die Betonschale ihren architektonischen Eigenwert und läßt die historischen Relikte optisch zur Bedeutungslosigkeit verkommen.

71 Knossos. Blick vom zentralen Hof auf den Westflügel des Palastes. Rechts die Rekonstruktion des Thronsaals mit der Treppe zum Obergeschoß von Sir Arthur John Evans (Architekt: Piet de Jong, 1928), links das neuzeitliche Schutzdach über den originalen Ruinen

72 Knossos. Schutzdach über dem Palastbezirk südlich des Megarons der Königin

Schutzdächer über Grabungsflächen

Mit der Größe der zu überdeckenden Fläche wachsen die gestalterischen wie technischen Probleme bei der Errichtung von Schutzdächern. Während sich zumeist durch die individuelle Überdachung einzelner Räume eine lebhafte Dachlandschaft ergibt, die sich der kleinteiligen Form der Ruine in der Struktur unterordnet, bilden großflächige Schutzdächer eine eigene architektonische Großform. Sie konkurrieren als formal eigenständige Gebilde mit den Ruinen und erhalten durch ihre Größe einen ästhetischen Eigenwert, der in der Mehrzahl der Fälle zumindest problematisch ist. Prinzipiell besteht mit dem Bau eines großflächigen Schutzdaches jedoch auch die Möglichkeit, die Bedeutung der Ruine zu unterstreichen und sie aus einer eher amorphen Umgebung herauszuheben. Beispiele für Holz- und Stahlkonstruktionen finden sich bei den großflächigen Überdachungen nur noch selten, in diesem Bereich dominiert der Stahlbau.

Daß die technischen wie ästhetischen Probleme großflächiger Schutzdächer lösbar sind, zeigen die Dächer über den minoischen Palästen auf Kreta, in Knossos und Hagia Triada. Die Schutzdächer in **Knossos** (Abb. 71, 72, 74) aus verschweißten, weiß gestrichenen Stahlrohren mit einem Durchmesser von nur 5 cm, zeichnen sich durch ihre große Leichtigkeit aus. Die Dachflächen sind mit gewellten transparenten Dachplatten eingedeckt, die ein diffuses Licht ohne Schlagschatten erzeugen. Ein Nachteil dieser Kunststoffplatten ist jedoch ihre geringe Bruchfestigkeit und die bei ebenen Flächen bald einsetzende Verschmutzung, die, da der Dreck vom Regen nicht mehr abgespült wird, auf den Dächern liegenbleibt, da sie nicht zu betreten sind.

Ein besonderes denkmalpflegerisches Problem in Knossos ist das Nebeneinander von leichten Schutzdächern und den Teilrekonstruktionen aus der Ausgrabungszeit Sir Arthur John Evans (1851–1941), wie z. B. auf der westlichen Seite des Zentralhofes (Abb. 71), da beide Konzeptionen zu verschieden sind, um ein einheitliches Erscheinungsbild herstellen zu können. Der architektonische Zusammenhang des Palastes ist jedoch bereits weitgehend durch den punktuellen Teilwiederaufbau verlorengegangen, da die zumeist niedrig anstehenden Originalmauern nicht als kontinuierliche Fortführung der hoch anstehenden Rekonstruktionen verstanden werden können. Die Teilrekonstruktionen erscheinen als separate Gebäude innerhalb des Palastbezirkes.

Ein gutes Beispiel für die Zusammen-

Knossos
Minoischer Palast
Schutzdächer über Teilen des Palastes
Ausführung: Geschweißte Stahlrohrkonstruktion (D = 5 cm) ohne festes Stützenraster. Flachgeneigte Dachflächen mit einer Eindeckung aus transparenten gewellten Kunststoffplatten.
Größe: von 100 bis 250 qm

73 Hagia Triada. Schutzdächer über den zentralen Räumen des Palastes

74 Knossos. Schutzdach über dem östlichen Teil des Palastbezirks

75 Pompeji, Casa di M. Fabio Rufo. Schutzdach über dem nicht wiederaufgebauten Teil des Hauses

Hagia Triada
Minoischer Palast
Schutzdach über den zentralen Wohnräumen
Ausführung: Geschweißte Stahlkonstruktion aus rechteckigen Hohlprofilen. Schräg geneigte Pultdächer mit einer Eindeckung aus transparenten gewellten Kunststoffplatten.
Größe: ca. 500 qm

Pompeji
Casa di M. Fabio Rufo (Insula VI)
Schutzdach über dem nördlichen Teil des Hauses
Ausführung: Geschweißte Stahlkonstruktion aus Stützen in festem Stützenraster (quadratische Hohlprofile (D = 10 x 10 cm) und Fachwerkgitterträgern (H = 25 cm). Flachgeneigte Dachflächen mit einer Eindeckung aus verzinktem Wellblech.
Größe: ca. 23 x 30 cm

fassung eines Ruinenkomplexes und seine Abgrenzung von anderen Gebäudeteilen durch eine großflächige Überdachung ist das Schutzdach über dem Palastbezirk südlich des Megarons der Königin (Abb. 74).

Mit einem ähnlichen Schutzdach aus transparenten Kunststoffplatten ist der zentrale Teil des minoischen Palastes in **Hagia Triada** überdeckt (Abb. 73). Um die Dachfläche nicht überproportional groß erscheinen zu lasssen, ist sie in drei Abschnitte unterteilt, die sich parallel zum Hang staffeln. Durch die damit entstandenen Zwischenräume wird, außer der optischen Gliederung des Daches, eine gute Querlüftung erreicht.

Eine vergleichbare Situation zu Knossos findet sich auch in **Pompeji**, in der Insula VI, der Casa di Fabio Rufo (Abb. 75). Das Schutzdach über dem, wegen seines schlechten Erhaltungszustandes und der erheblichen Verwerfungen der Wände, nicht wiederaufgebauten Teil des Hauses am ehemaligen Stadtrand ist als dreifach gestaffelte Dachfläche ausgebildet, die dicht über der Oberkante der Mauern ansetzt. Die quadratischen Stahlstützen stehen frei vor den Wänden und sind untereinander durch 25 cm hohe Stahlgitterträger verbunden. Die einzelnen Felder werden durch ebensolche Träger, die als Auflager für die Dachkonstruktion dienen, weiter unterteilt. Die Dacheindekkung besteht aus verzinktem Stahlblech, die Entwässerung erfolgt über vorgehängte Rinnen. Dem Schutzdach fehlt jedoch auf Grund seiner eher massiven Konstruktion und der lichtundurchlässigen Dacheindeckung der architektonische Reiz und die Leichtigkeit der Schutzdächer von Knossos.

Ein räumliches Stahlfachwerk (»Mero«-

76, 77 Thera. Blick auf die freigelegten Ruinen unter der Schutzdachkonstruktion aus »Dexion«-Profilen. Deutlich erkennbar sind die hohen Hauptträger zwischen den Stützen, die die Dachbinder tragen. Fotos: J. Tomisch 1986

78 Thera. Stütze mit Hauptunterzug

Thera
Minoische Siedlung
Schutzdach über den Grabungsflächen
Ausführung: Geschraubte Stahlkonstruktion mit Stützen, Unterzügen und Dachbindern aus gelochten Winkelprofilen (»Dexion«-Profile). Flachgeneigte Satteldächer mit einer Eindeckung aus Wellasbestzementplatten und Lichtöffnungen aus transparenten Kunststoffplatten (»Plexiglas«).
Größe: ca. 3700 qm
Bauzeit: 1970–74
Literatur: S. Marinatos, Excavations at Thera (1970) IV, Plan 1, Taf. 6–7; (1973) VII, S. 8–12, Plan B

Raumfachwerk) als Tragkonstruktion wurde zur Überdeckung der freigelegten Reste der Sola-Basilika in **Solnhofen** (Bayern) verwandt (Abb. 80). Die aus Stäben geringer Dicke zusammengesetzte Konstruktion ruht auf schlanken Stahlrohrstützen und Wandkonsolen. Die Dacheindeckung besteht aus transparenten Wellplatten (»Scobalit«), so daß auch die tieferliegenden Fußböden noch ausreichend belichtet werden. Die Stahlkonstruktion hat eine eigene ästhetische Qualität, die aber nicht in Konkurrenz zu den restaurierten Bauteilen der Basilika tritt.

Auch die in Griechenland viel verwendeten gelochten Winkelprofile (»Dexion«-Profile) ermöglichen, zu Stützen und Dachträgern zusammengeschraubt, den Bau von leichten Tragkonstruktionen, die sich ohne Schwierigkeiten in Ruinenareale einfügen. Seit 1970 werden mit diesen Profilen die Grabungsflächen der minoischen Siedlung **Thera** auf Santorini überdacht, um die freigelegten Häuser gegen Witterungseinflüsse zu schützen (Abb. 76–78). Als statisches System wurde eine einfache Stützenkonstruktion gewählt, an die die Unterzüge als Auflager für die Dachbinder angeschraubt sind. Die Stützen selbst lassen sich in Richtung der Unterzüge verschieben, wenn dies die Lage der Mauern erforderlich macht, doch ist die einmal gewählte Breite der Binder für den jeweiligen Sektor unveränderlich. Zur Belichtung sind Oberlichter aus Acrylharz (»Plexiglas«) eingebaut worden, die sich in regelmäßigen Abständen zwischen den Wellasbestplatten befinden. Da die Sohle der Grabung sich einige Meter in der Erde befindet, schließt die Traufe des Daches fast mit dem Erdboden ab.

Nur 50 cm über die Oberfläche des Tells ragt das Schutzdach über dem nachsargo-

79 Mari (Tell Hariri). Schutzdach über dem zentralen Palastbereich. Eindeckung aus transparenten Polyesterformteilen

80 Solnhofen, Sola-Basilika. Schutzdach über den freigelegten Bauteilen der Basilika aus einem räumlichen Stabtragwerk

81 Mari. Lehmziegelmauern mit starken Oberflächenschäden trotz Schutzdach

Mari
Nachsargonischer Palast
Schutzdach über dem zentralen Palastbereich
Ausführung: Geschweißte Stahlkonstruktion aus Winkel- und runden Hohlprofilen. In den Lehmziegelmauern der Ruine verankert. Allseitig flachgeneigte Dächer mit einer Eindeckung aus profilierten, quadratischen Platten aus glasfaserverstärktem Kunststoff.
Größe: ca. 450 qm
Bauzeit: 1975

Solnhofen
Sola-Basilika
Schutzdach über den Grabungsflächen
Ausführung: Auf Stützen und Wandkonsolen aufgelagerte Dachkonstruktion aus einem »Mero«-Raumfachwerk. Dacheindeckung aus transparenten gewellten Kunststoffplatten (»Scobalit«).
Größe: ca. 30 × 10 m
Bauzeit: 1974
Architekt: Peter Marzolff, Heidelberg

nischen Palast von **Mari** (Tell Hariri, Syrien) heraus (Abb. 79, 81). Die aus Stahlrohren zusammengeschweißte Konstruktion ist direkt in den Lehmziegelmauern verankert. Die Dacheindeckung besteht aus mehrteiligen, verwindungssteifen Platten aus glasfaserverstärktem Polyester. Die Belichtung der Ruine geschieht hauptsächlich durch den ungedeckten Hof in der Mitte der Anlage und die für die Querlüftung notwendigen Abstandsflächen zwischen Ruinenmauern und Dachrand. Die ehemals transparenten Dachplatten sind zur Reduzierung der Lichtdurchlässigkeit (Wärmeeinstrahlung) eingefärbt worden.

Im Gegensatz zu den zerflossenen Lehmziegelmauern außerhalb des Schutzdaches ist der überdeckte Teil des Palastes relativ gut erhalten. Die festzustellenden Schäden sind hauptsächlich durch das von außen hineinfließende Regenwasser vom Schutzdach (defekte Regenwasserableitung) entstanden.

Als Rekonstruktionsversuch des ehemaligen Gebäudes ist das hölzerne Schutzdach über der dreischiffigen Leonides-Basilika in **Klausion**, in den Bergen Akarnaniens (Griechenland), erbaut worden (Abb. 82–85). Vom aufgehenden Mauerwerk des frühchristlichen Gebäudes aus dem Anfang des 6. Jahrhunderts hat sich kaum etwas erhalten, wohl aber ein Großteil des Mosaikfußbodens mit den Stifterinschriften. Um für den Besucher den ehemaligen Raumeindruck wieder erstehen zu lassen, wurden die Außenwände – auch als Abschluß zum Außenraum – bis 1,50 m hoch aufgemauert. Darüber beginnt die hölzerne Fachwerkkonstruktion des Schutzdaches. Die Arkaden der ehemaligen Mittelschiffswände ließen sich nicht rekon-

82 Klausion, Leonides-Basilika. Hölzerne Schutzdachkonstruktion über den wiederaufgemauerten Seitenwänden. Fotos: W. Hoepfner 1987

83 Klausion, Leonides-Basilika. Blick in den Innenraum

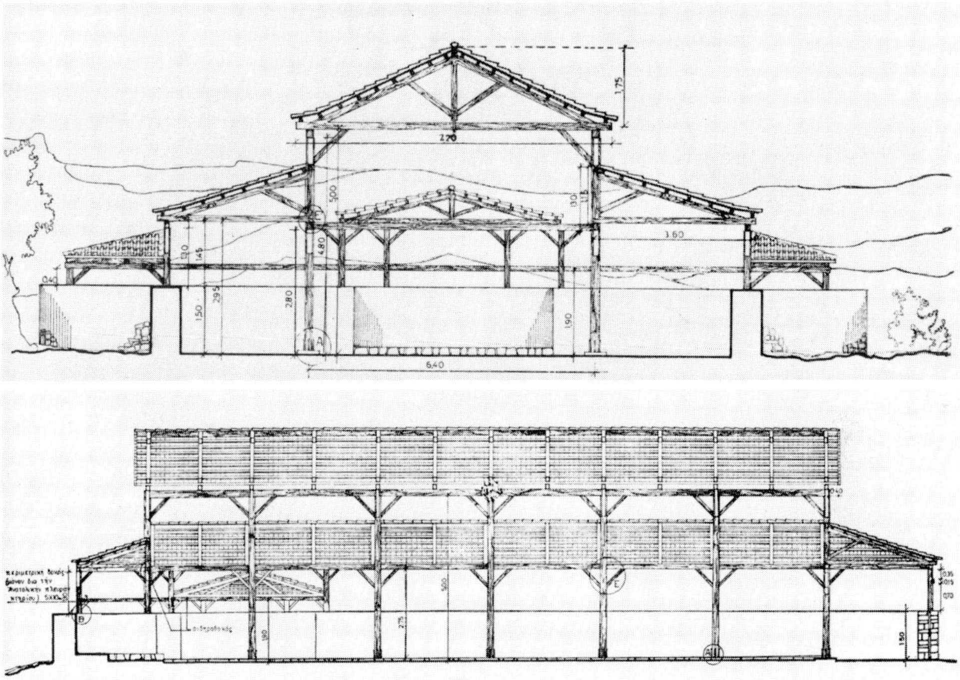

84, 85 Klausion. Quer- und Längsschnitt des Schutzbaus (aus: ADelt 24 (1969) Abb. 1, 4)

Klausion
Leonides-Basilika
Schutzdach über Fußbodenmosaiken
Ausführung: Holzständerkonstruktion auf dreischiffigem, basilikalen Grundriß mit halbkreisförmigen Absiden. Außenmauern gleichmäßig 1,50 m hoch aufgemauert als Raumabschluß und Fußpunkt der Außenwandstützen. Mittelschiffsstützen auf ebenerdigen Fundamenten beginnend. Schräge Sparrendächer; Eindeckung aus Wellasbestzementplatten.
Größe: ca. 14 × 28 m
Bauzeit: 1968
Literatur: P. Lazarides und I. Dimakopoulos, ADelt 24 (1969) S. 236–240, Abb. 1–6, Taf. 238–239

struieren. Hier stehen die Stützen direkt auf den Fundamenten. Da auch die originale Höhe des Gebäudes nicht ermittelt werden konnte, wurde sie analog den aus dieser Zeit erhaltenen Bauten erschlossen (Höhe bis zum First 7,20 m). Mag das Schutzdach auch nicht genau der Form des ehemaligen Gebäudes entsprechen, so vermittelt seine Größe doch schon von weitem einen Eindruck von der ehemaligen Bedeutung dieser frühchristlichen Basilika in den Bergen Nordgriechenlands.

Bot sich für die Ruine in Klausion die »Rekonstruktion« des ehemaligen Gebäudes an und die Verwendung des Materials Holz, so wurden für die Überdeckung der wiedererrichteten Säulen des Tempels von **Monterinaldo** (bei Ascoli Piceno, Mar-

86 Pylos, sog. Palast des Nestor. Blick auf die konservierten Mauern des Thronsaales. Schutzdach aus »Dexion«-Profilen. Foto: E.-L. Schwandner 1981

87 Monterinaldo, Römisches Heiligtum. Schutzdach über den wiedererrichteten ionischen Säulen

88 Pylos. Ansicht des Thronsaales während der Ausgrabung (aus: Blegen/Rawson, The Palace of Nestor ... (1966)

Monterinaldo
Römisches Heiligtum
Schutzdach über dem Tempel
Ausführung: Geschweißte Stahlkonstruktion aus quadratischen Stützen und leicht bogenförmigen Gitterträgern mit beidseitigen Kragarmen. Flachgeneigtes Satteldach mit einer Eindeckung aus gewellten transparenten Kunststoffplatten.
Größe: ca. 25 × 10 m
Bauzeit: um 1968
Literatur: H. Blanck, AA 1970, S. 315, Abb. 57

Pylos
Mykenischer Palast
Schutzdach über dem zentralen Palastbereich
Ausführung: Geschraubte Stahlkonstruktion aus Stützen, Unterzügen und Dachbindern aus gelochten Winkelprofilen (»Dexion«-Profile). Flachgeneigte Pult- und Satteldächer mit einer Eindeckung aus verzinktem Stahlblech.
Größe: ca. 30 × 50 m
Bauzeit: 1960
Literatur: C. W. Blegen und M. Rawson, The Palace of Nestor at Pylos in Western Messenia (1966) Band 1, Teil 2, Abb. 6–8

ken) (Abb. 87) Stahlprofilen und transparenten Kunststoffplatten der Vorzug gegeben. Die Dachkonstruktion besteht aus filigranen, bogenförmigen Fachwerkbindern, die aus Rundeisen zusammengeschweißt sind, die Tragkonstruktion aus zwei Reihen von je sieben quadratischen – in der Achse der Säulen stehenden – Stahlstützen, die durch ein hochliegendes Gurtband ausgesteift sind. Die Dachträger sind auf auskragenden Ankerplatten angeschweißt, die Dacheindeckung besteht ganz aus lichtdurchlässigem Kunststoffmaterial.

Durch den weiten Abstand des Schutzdaches von den antiken Säulen, die einfache Form der Stützen, sowie Material und Transparenz des Daches, bleibt dessen Funktion als neuzeitliches Schutzdach ohne Rekonstruktionsabsichten deutlich erkennbar.

Mit deutlichem Bezug auf den Grundriß des ehemaligen Palastes wurde das Schutzdach über den Hauptgebäuden des Nestor-Palastes in **Pylos** (Peloponnes) errichtet (Abb. 86, 88). Die Tragkonstruktion der dreischiffigen Halle mit niedrigem Kopfbau besteht, wie in Thera, aus »Dexion«-Profilen, die zu Stützen, Unterzügen und Dachbindern zusammengeschraubt sind. Die Dachhaut ist aus verzinktem Wellblech. Die einzelnen Bauglieder wirken leicht und transparent. Das Innere ist gut belichtet und belüftet.

Obwohl der Entwurf des Daches sich am Grundtriß orientiert – so wurde der Hof zwischen Propylon und Megaron nicht überdacht –, entstand keine »Rekonstruktion«, sondern durch die unterschiedlich hohen Dachflächen ein in sich gegliederter Baukörper, dessen Inneres als weite Halle empfunden wird.

89 Gela, griechische Stadtmauer am Capo Soprano. Seilverspannte Gittermasten als Tragkonstruktion des Schutzdaches. Rechts die Stadtseite der Mauer

90 Gela. Ansicht der Feldseite der Mauer mit den Halteseilen der Gittermasten und den vorgesetzten Glasplatten zum Schutz der Lehmziegelmauer über dem Natursteinsockel

91 Gela. Mauerstück ohne Schutzdach

Gela
Griechische Stadtbefestigung
Schutzdach über der Stadtmauer am Capo Soprano
Ausführung: Geschweißte Stahlkonstruktion aus Gittermasten (H = 10,80 m) im Abstand von 6,00 m mit Kragarmen, auf denen mit unterschiedlicher Neigung das zweiteilige Schutzdach aufliegt. Gelenkige Lagerung der Masten auf einem Betonfundament, beidseitige Abspannung mit Stahlseilen. Dacheindeckung aus transparenten gewellten Kunststoffplatten.
Größe: Breite der Dachflächen ca. 6 m, Gesamtlänge ca. 160 m
Bauzeit: 1954
Architekt: Franco Minissi, Rom
Literatur: F. Minissi, Restauro e protezione delle fortificazioni greche di matoni crudi in Capo Soprano. Roma o. Jg.; Restauri d'Arte in Italia (1965) S. 106–107; P. Griffo, Gela (1963) S. 182f., Abb. 127, 131, 132

Eine Besonderheit in der Reihe der vorgestellten Schutzdächer, und sicher eine der aufwendigsten Schutzdachkonstruktionen, ist die 1954 von dem Architekten Franco Minissi entworfene Überdachung der antiken Stadtmauer in **Gela** (Sizilien) (Abb. 89–92) zur Konservierung der über einem Natursteinsockel errichteten Lehmziegelmauer.

Als Tragkonstruktion des Daches dienen 10,80 m hohe Gittermasten mit Kragarmen, auf denen, mit jeweils unterschiedlicher Neigung, zwei Dachflächen aufliegen. Die Dacheindeckung besteht aus ehemals transparenten Kunststoffplatten, die sich in der Zwischenzeit stark verfärbt haben. Die Stabilisierung der gelenkig gelagerten Gittermasten übernehmen im Boden verankerte Stahlseile. Da die Masten sich nur auf der ehemaligen Stadtseite der Mauer befinden, ist die Feldseite stützenfrei. Hier sieht man nur in gleichmäßigen Abständen von 6,0 m die schrägen Stahlseile zur Abspannung der Masten.

Die Höhe der erhaltenen Lehmziegelmauer erkennt man an der spiegelnden Oberfläche der ihr vorgesetzten Glasscheiben und der regelmäßigen Reihe der auffälligen Befestigungsschrauben. Den oberen Abschluß der Lehmziegelmauer bildet eine Abdeckung aus dünnen Betonplatten mit geringem seitlichen Überstand.

Der optische Eindruck dieses interessanten technischen Bauwerks erschwert die Betrachtung des archäologischen Befundes. Das Schutzdach wird zur Attraktion für den Besucher und die Stadtmauer zu einer eher unbedeutenden Zutat. Besonders deutlich wird dieser Eindruck, wenn man dazu im Vergleich das nicht mit einem Schutzdach versehene Stück der Stadtmauer betrachtet (Abb. 91).

Dieses Beispiel macht deutlich, wie bedenklich vom denkmalpflegerischen Standpunkt eine große technische Maßnahme ist, die soweit in die Ruine eingreift, daß ihr »Alterswert« darüber verlorenzugehen droht. Gerade die im Gegensatz zu einem Wiederaufbau einfache Maßnahme der Überdeckung der Ruine mit einem Schutzdach ermöglicht es, den originalen Befund so weitgehend wie möglich in seinem vorgefundenen Zustand zu präsentieren. Dieses verlangt jedoch eine wohlüberlegte architektonische Konzeption, die davon auszugehen hat, daß die Architektur des Schutzdaches nicht in Konkurrenz zum originalen Bestand treten darf und daß das Erscheinungsbild der antiken Ruine als etwas Eigenständiges erhalten bleiben muß, hinter das die architektonische Gestalt des Schutzdaches zurückzutreten hat, um Authentizität und Bedeutung des Originals nicht zu beeinträchtigen.

92 Gela. Schutzdach über der griechischen Stadtmauer am Capo Soprano. Links Teil der Mauer ohne Lehmziegelaufbau

Schutzhäuser

Während Schutz*dächer* die Ruine hauptsächlich gegen Sonne und Regen abschirmen, aber der mit Feuchtigkeit, Staub und Schadstoffen angereicherten Luft wie auch den Besuchern Zugang gewähren, ermöglichen Schutz*häuser* einen klimatisch und räumlich sicheren Abschluß von der Außenwelt. Der Übergang von einem Schutzdach zu einem Schutzhaus ist fließend, besonders wenn höhere Mauerzüge der Ruine als Auflager einer Überdachung benutzt werden und durch diese Dachkonstruktion ein hausartiges Bauwerk entstanden ist.

Schutzhäuser sind wegen des seitlichen Abschlusses zumeist massiver als die leichten Dachkonstruktionen und bilden wegen ihrer Größe und geschlossenen Form oft einen starken Kontrast zu ihrer ruinösen Umgebung. Entwurfsüberlegungen werden deshalb immer auch mit berücksichtigen müssen, wie die Architektur des Schutzhauses sich später in die Umgebung einfügen wird.

Bei hoch anstehenden Mauern im Ruinengelände wird man überlegen, wie diese in den Schutzhausbau mit einbezogen werden können. In den überwiegenden Fällen wird man sich auf Grund der geringen Befunde und der Ungewißheit über das Aussehen der nicht mehr vorhandenen Bauteile, wie auch der zumeist schlechten Qualität des anstehenden Mauerwerks, dafür entscheiden, ein Gebäude in heutigen Architekturformen zu errichten. Die Qualität des Mauerwerks wird auch mitbestimmend sein, ob das Schutzhaus direkt auf den antiken Mauerresten errichtet werden kann, oder als Umbauung der Ruine zu konzipieren ist. Das Schutzhaus umschließt dann als weite Halle den zu konservierenden Befund ohne ihn zu berühren und ist damit auch entwurflich nicht mehr so stark an die vorhandenen Mauerzüge gebunden. Für gestalterische Überlegungen bleibt damit ein größerer Spielraum.

Diese Form des Schutzhauses ist dem Wiederaufbau auf den antiken Mauern immer vorzuziehen, da die originale Bausubstanz als historisches Dokument ohne zerstörende Eingriffe erhalten bleibt.

Neben einfachen Schutzbauten, die die Ruine umschließen und sie vor Witterung und Zerstörung bewahren, finden sich auf den Grabungsstätten auch Schutzbauten, die als Museen ausgestattet sind. Hierbei tritt neben den freiliegenden Befund die museale Ausstattung mit Vitrinen und Schaukästen, Modellen und weiteren Erläuterungen.

Eine besondere Kategorie von Schutzbauten sind die Museen, die über einem noch in situ befindlichen antiken Bauwerk errichtet wurden, wie das Römisch-Germanische Museum in Köln, das über dem Dionysos-Mosaik erbaut wurde, oder das Museum für römische Kunst in Mérida (Spanien) über den Ruinen der römischen Stadt. Diese Bauten sollen hier nicht behandelt werden, da sie mehr den Bautypus »Archäologisches Museum« verkörpern und kaum den herkömmlichen Schutzbauten zugerechnet werden können.

93, 94 Pompeji. Mit originalen Materialien und in Anpassung an antike Mauertechnik wiederaufgebaute Häuser

Schutzhäuser auf antiken Mauern

Beispiele von Schutzhäusern, die direkt auf den antiken Mauerresten errichtet wurden, finden sich in großer Anzahl in **Pompeji** und **Herkulaneum** aus der Zeit der frühen Restaurierungen (Abb. 93, 94). Der Übergang vom originalen Bestand zum neuzeitlichen Mauerwerk ist selten deutlich markiert. Oft wurde für den Wiederaufbau sogar die antike Mauertechnik bewußt kopiert, oft auch antikes Material verwendet, so daß heute in vielen Fällen nicht mehr zu unterscheiden ist, wo der antike Bestand endet und der Wiederaufbau beginnt.

Ein ansprechender Schutzbau, der deutlich den Übergang von Alt zu Neu zeigt, wurde in **Aquileja** (Venetien), im Grabungsgebiet an der Via Giulia Augusta, über den Ruinen eines frühchristlichen Oratoriums mit gut erhaltenem Mosaikfußboden errichtet (Abb. 95, 96). Das Bauwerk paßt sich in Konstruktion und Material gut den ländlichen Wohnhäusern der Umgebung an. Unverputzte Backsteinmauern, ein rustikaler Holzdachstuhl und ein rotes Ziegeldach bestimmen das Aussehen des Gebäudes. Die luftige Konstruktion macht deutlich, daß keine Rekonstruktion des ehemaligen Gebäudes beabsichtigt ist, sondern auf den originalen Mauerresten ein Schutzbau errichtet wurde, dessen Form sich von dem Umriß frühchristlicher Sakralbauten herleitet. Durch die Verwendung einer einfachen Konstruktionsart und traditioneller Baumaterialien wird die Diskrepanz zwischen den niedrigen Ruinenmauern des Grabungsgeländes und dem neuzeitlichen »vollständigen« Gebäude gemildert, durch den Aufbau auf dem originalen Mauerwerk dem Betrachter die Möglichkeit gegeben, sich selbst eine Vorstellung von der Größe – dem Grundriß, jedoch nicht der Höhe – des ehemaligen Gebäudes zu machen.

In ganz bescheidenen Formen, als einfache Aufmauerung der noch vorhandenen Mauerreste unter Beibehaltung der Türöffnungen zum ehem. Atrium, wurde das Schutzhaus über den Räumen mit Wandmalereien und Fußbodenmosaiken des Attalos-Hauses in **Pergamon** (Abb. 97, 106) errichtet. Die Dachkonstruktion besteht aus geschweißten Dreiecksbindern mit Überstand zum Atrium, die auf einem Stahlbetonringanker aufliegen. Das Dach war mit Wellasbestzementplatten eingedeckt. Im Winter 1979/80 wurde es mutwillig zerstört und mußte neu eingedeckt werden. Hierfür wählte man jetzt Wellblech, das gegen Steinwürfe weitaus unempfindlicher ist als Wellasbestplatten oder Dachziegel.

In ähnlicher Art wurde das Schutzhaus über den Räumen mit Mosaikfußböden des Bischofspalastes in **Milet** ausgeführt (Abb. 98, 100). Auch hier wurden die Außenmauern aus unverputztem Bruchsteinmauerwerk direkt auf die nur noch niedrig erhaltenen Mauern der Nordräume und des rechtwinklig daran anschließenden Apsidensaales aufgesetzt und die Räume durch eine hölzerne Fachwerkbinderkonstruktion stützenfrei überspannt. Die ehe-

95 *Aquileja, Grabungsareal an der Via Guilia Augusta. Luftaufnahme (Postkarte)*

96 *Aquileja. Schutzhaus über einem frühchristlichen Oratroium mit Mosaikfußboden. Die Mauern im Vordergrund zeigen die originale Höhe der freigelegten Bauten*

97 Pergamon, Haus des Attalos Paterklianos. Schutzhaus über den Räumen mit Fußbodenmosaiken und Wandmalereien mit neuer Wellblecheindeckung. Foto 1987

Aquileja
Grabungsareal an der Via Giulia Augusta
Schutzhaus über einem frühchristlichen Oratorium
Ausführung: Auf dem originalen Mauerwerk aufgesetzte Wandkonstruktion aus quadratischen Ziegelpfeilern (36 × 36 cm) und niedrigerer Wandausfachung aus Sichtmauerwerk. Stahlbetonringanker. Schräges hölzernes Sparrendach mit einer Eindeckung aus Mönch- und Nonnenziegeln.
Größe: ca. 8 × 8 m (ohne Apsis)

Pergamon
Haus des Attalos Paterklianos
Schutzhaus über den Räumen mit Wandmalereien und Fußbodenmosaiken
Ausführung: Auf dem originalen Mauerwerk aufgesetzte Wände aus unverputzem Bruchsteinmauerwerk. Dachkonstruktion aus geschweißten Fachwerkbindern. Flachgeneigtes Satteldach mit einer Eindeckung aus Wellasbestzementplatten (nach der Zerstörung 1979/80 neue Eindeckung aus verzinktem Wellblech).
Größe: ca. 22 × 7,50 m
Bauzeit: 1960, Restaurierung 1980
Literatur: W. Radt, AA 1981, S. 416–417

98 *Milet, Bischofspalast. Schutzhaus über den Nordräumen und dem Apsidensaal mit Fußbodenmosaiken*

99 *Pergamon, Stadtgrabung. Schutzhaus über Odeion und Marmorsaal*

100 Milet, Bischofspalast. Blick ins Innere des Schutzhauses

Milet
Bischofspalast
Schutzhaus über den Nordräumen und dem Apsidensaal
Ausführung: Auf dem originalen Mauerwerk aufgesetzte Außenwände aus unverputztem Bruchsteinmauerwerk. Höhe des originalen Mauerwerks durch rote Fuge aus Mauerziegeln markiert. Dachkonstruktion aus hölzernen Fachwerkbindern mit einer Eindeckung aus roten Preßfalzziegeln.
Größe: Nordräume 22 × 12 m; Apsidensaal 31 × 7,50 m. Gesamt ca. 500 qm
Bauzeit: 1980–82
Architekt: B. Weber
Literatur: W. Müller-Wiener, Vorberichte über die Arbeiten in Milet. In: IstMitt 1981–83

maligen Türöffnungen zum Hauptsaal wurden beibehalten, auf die beiden Basen der Nordhalle wurden Stahlrohrstützen gestellt, die die Dachkonstruktion unterstützen und als Halterung für die in die Öffnungen eingesetzten Gitter dienen. Die Architektur des Schutzhauses ist unprätentiös und beeinträchtigt durch die geringe Höhe nur wenig das Bild des sehr weiträumigen Grabungsgeländes. Sie trägt aber nicht dazu bei, die Architektur des ehemaligen Bauwerks dem Besucher erlebbar zu machen.

Ebenfalls ohne den Versuch zu unternehmen, den oberen Abschluß des Gebäudes zu rekonstruieren, wurde das Schutzhaus über Odeion und Marmorsaal in der Stadtgrabung von **Pergamon** erbaut (Abb. 99, 101–104). Die Außenwände sind direkt auf den Originalmauern errichtet und passen sich deren Mauertechnik an, sind aus der Nähe jedoch deutlich von diesen durch die Art der Verfugung und einen geringen Rücksprung hinter die Flucht des Originalmauerwerks zu unterscheiden. Die Trennwand zwischen beiden Räumen ist nicht wiederaufgebaut worden, so daß für den Besucher das Gebäude als Ruine erkennbar bleibt, obwohl die Stufenreihen des Odeions wie auch die Wandverkleidung des Marmorsaals weitgehend – als Kopie – wiederhergestellt wurden.

Die Neigung des Daches entspricht etwa der Schräge des Berghangs. Die Dachkonstruktion besteht aus leichten Stahlfachwerkbindern, die auf den Außenwänden und einem Mittelträger aufliegen. Das Dach wurde mit Wellblech eingedeckt.

Zur Straße hin ist eine Terrasse vorgelagert mit Sitzbänken im Schatten von Olivenbäumen und zwei antiken Zisternen,

101 Pergamon, Stadtgrabung. Das Schutzhaus über Odeion und Marmorsaal im Bau. Foto: E. Steiner, Pergamon-Grabung, 1974

102 Pergamon, Stadtgrabung. Blick von Süden auf das Schutzhaus. Die Neigung des Daches ist der Hangneigung angepaßt

103 Pergamon. Trennwand zwischen Marmorsaal und Odeion

104 Pergamon. Rekonstruierte Nordwestecke des Marmorsaals

Pergamon
Stadtgrabung
Schutzhaus über Odeion u. Marmorsaal
Ausführung: Auf dem originalen Mauerwerk aufgesetzte Wände aus unverputztem Bruchsteinmauerwerk. Dachkonstruktion aus geschweißten Winkelprofilen, auf den Wänden und mittlerem Unterzug aufliegend. Eindeckung aus Wellblech. Offene Frontseite mit starkem Stahlmaschengitter geschlossen.
Größe: ca. 25 × 13 m
Bauzeit: 1974–75
Architekt: W. Schröder, Düsseldorf
Literatur: W. Radt, Vorberichte über die Ausgrabungen in Pergamon. In: AA 1975–80

die für die Aufnahme des vom Dach abfließenden Wassers benutzt werden. An dieser Stelle, wo der Besucher ausruhen und den weiten Blick vom Burgberg genießen kann, öffnet sich das Gebäude in seiner ganzen Breite und ermöglicht eine ungehinderte Einsicht auf die Ausstattung der beiden Kulträume. Zum Schutz der Ausstattung, die weitgehend aus Kopien der reichen Funde besteht, sind beide Räume mit einem starken Stahlmaschengitter gesichert.

Wie in Aquileja bestand auch hier die gestalterische Schwierigkeit, einen massiven Gebäudekörper möglichst unauffällig in einen Bereich mit niedrigen Mauern unterzubringen. Durch die einfache Form des Baukörpers und dessen Anpassung an

105 Aguntum, Römische Siedlung. Schutzhaus über dem Atrium-Haus. Die beiden Basen in der Türöffnung zeigen den ehemaligen Standort der Säulen

106 Pergamon, Haus des Attalos Paterklianos. Durch Vandalismus zerstörtes Wellasbestzementdach. Foto: E. Steiner, Pergamon-Grabung, 1980

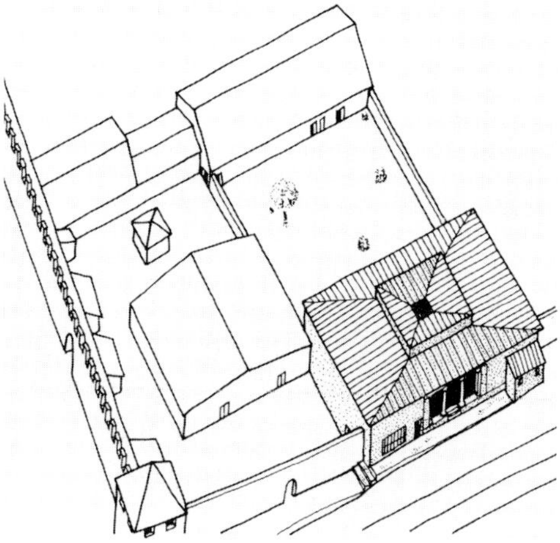

107 Aguntum. Rekonstruktion des Atrium-Hauses mit umliegenden Bauten und Stadtmauer (nach W. Alzinger, aus: Reclams Archäologieführer Österreich und Südtirol 1985, S. 66)

Aguntum
Römische Siedlung
Schutzhaus über dem Atrium-Haus
Ausführung: Dicht neben den originalen Mauerzügen errichtete Stahlkonstruktion. Quadratischer Hauptbaukörper mit niedrigen Anbauten. Wandverkleidung aus dunkler Brettschalung. Flachgeneigte Dächer mit einer Eindeckung aus dunklen Wellasbestzementplatten.
Größe: ca. 8 × 12 m
Literatur: W. Alzinger, Aguntum und Lavant. Führer durch die römerzeitlichen Ruinen Osttirols. Wien 1974 (3. Auflage)

die Umgebung (Dachneigung, Terrasse, Bepflanzung) ist dies gut gelungen. Auch von weitem stört der Schutzbau nicht das Bild des Burgbergs.

Während der Entwurf des Schutzhauses in Aquileja sich an den ländlichen Architekturformen der Umgebung des Grabungsplatzes orientiert, das Schutzhaus über Odeion und Marmorsaal in Pergamon die Geländeform des Berghangs berücksichtigt, steht das Schutzhaus über dem Atrium-Haus in **Aguntum** (Tirol, Österreich), das auch als Grabungsmuseum dient, recht beziehungslos auf dem Grabungsgelände (Abb. 105). Die dicht neben den originalen Mauern errichtete Stahlkonstruktion ist mit Wellasbestzementplatten eingedeckt, die Seitenwände sind mit dunklen Holzbrettern verschalt. Die strenge kubische Form und der dunkle Farbton bilden einen großen Kontrast zu den niedrigen Ruinenmauern der Umgebung. Als Teilrekonstruktion des römischen Gebäudes entworfen und über den Originalmauern errichtet, ist der Schutzbau als »Rekonstruktion« nicht zu erkennen. Hierfür wären eine stärkere Annäherung an den ursprünglichen Baukörper, eine andere Materialwahl sowie Detailbehandlung notwendig gewesen.

Eine Anzahl kleiner Häuschen, die ohne jegliche Rekonstruktionsabsichten errichtet wurden, finden sich als Schutzbauten über verschiedenen Räumen mit Mosaikfußböden der bereits 1811 ausgegrabenen römischen Villa von **Bignor** in Sussex (Abb. 108, 110). Die Hütten aus rustikalem Natursteinmauerwerk mit steilen Strohdächern entsprechen der einfachen Architektur der ländlichen Bauernhäuser dieser Gegend und bilden ein malerisches Bauensemble, das nur durch den neuzeitli-

108 Bignor, Römisches Gutshaus. Ansicht der Schutzhäuser über den Räumen mit Fußbodenmosaiken. Die Plattenreihen im Vordergrund geben die ehemalige Lage der Hausmauern wieder

109 Teurnia, Frühchristliche Kirche. Schutzhaus über der südlichen Seitenkapelle. Rechts die konservierten Mauerzüge der nördlichen Kapelle

110 Bignor. Schutzhäuser

Bignor
Römischer Gutshof
Schutzhäuser über den Räumen mit Fußbodenmosaiken
Ausführung: Niedrige Einzelbauten aus Natursteinmauerwerk mit hölzernen Dachstühlen. Steile Walmdächer mit einer Eindeckung aus Stroh.
Größe: ca. 7 × 10 m
Bauzeit: um 1820. Kassenhalle aus neuerer Zeit

Teurnia
Frühchristliche Kirche
Schutzhaus über der südlichen Seitenkapelle
Ausführung: Verputzter Mauerwerksbau mit offenem hölzernen Dachstuhl. Aufmauerung der originalen Wände in Sichtmauerwerk. Steiles Satteldach mit einer Eindeckung aus Ziegeln.
Größe: ca. 7 × 15 m
Bauzeit: 1959
Literatur: F. Glaser, Die römische Stadt Teurnia. Klagenfurt 1983, S. 76ff.

chen Eingangsbau beeinträchtigt wird. Für den Besucher ist deutlich, daß er sich im Bereich der römischen Villa befindet – die Grundmauern sind im Boden durch Platten gekennzeichnet –, auch wenn die kleinen Bauten selbst nichts zum Verständnis von Größe und Aussehen der ehemaligen Bauanlage beitragen. Ihre Architektur ist jedoch unverwechselbar und trägt der Bedeutung des Platzes Rechnung.

Ein einfacher langgestreckter Baukörper mit Satteldach ist das Schutzhaus über der südlichen Seitenkapelle der frühchristlichen Kirche von **Teurnia** (Kärnten) (Abb. 109), die einen bedeutenden Mosaikfußboden besitzt. Das Gebäude wurde 1959 unter Einbeziehung der nördlichen Seitenwand der Kapelle errichtet. Ein offener Holzdachstuhl überdeckt das Innere, das zugleich Museums- und Ausstellungsraum ist.

Auch das 1985 fertiggestellte Schutzhaus über den Wohneinheiten 1 und 2 des Hanghauses 2 in **Ephesos** (Abb. 111–116) wurde als Museum konzipiert. Es ist der erste Bauabschnitt eines Schutzhauskomplexes über den acht freigelegten Wohneinheiten dieser insgesamt ca. 4000 qm großen Insula mit noch hoch anstehenden antiken Mauern und einer vorzüglichen Ausstattung mit Wandmalereien, Marmorinkrustationen und Mosaikfußböden, die ohne schützende Überdeckung im Laufe der Zeit unweigerlich zerstört würden.

Die Aufgabenstellung für den Entwurf des Schutzhauses sah einerseits die Wiederherstellung des räumlichen Eindrucks der antiken Räume vor, andererseits die Einbindung des Schutzhauskomplexes in das Ruinenensemble durch eine kleinteilige Dachform, die auf den Grundriß Bezug nehmen sollte. Die von der Baukommission gestellten Anforderungen an den

111 Ephesos, Hanghaus 2. Blick auf das Schutzhaus über den Wohneinheiten 1 und 2 vom Panayir Dâg. Im Vordergrund die Notdächer über den anderen Wohneinheiten. Foto: G. Wiplinger 1984

112 Ephesos, Hanghaus 2. Ansicht des Schutzhauses und der Notdächer vom Theater aus. Foto 1987

113 Ephesos. Nordwestecke des Schutzhauses

Ephesos
Hanghausgrabung
Schutzhaus über den Wohneinheiten 1 und 2 des Hanghauses 2
Ausführung: Stahlbetonkonstruktion aus quadratischen Stützen (D = 50 × 50 cm) und U-förmigen Rinnenträgern (H = 1,30 m) als Auflager des hölzernen Dachstuhls aus genagelten Fachwerkbindern. Schräge Satteldächer mit einer Eindekkung aus roten Preßfalzziegeln. Peristylhöfe mit Glasdächern abgedeckt.
Größe: ca. 900 qm
Bauzeit: 1979–85
Architekt: Gilbert Wiplinger, Wien
Literatur: G. Wiplinger, Zum Hanghausprojekt in Ephesos. In: ÖJh 56 Hauptblatt (1985), S. 83–91; Jährliche Berichte über die Konsevierungsarbeiten in: AnzWien. Planunterlagen im Bericht 1983

Schutzbau waren neben Abschließbarkeit und Witterungsschutz, ausreichender Lichtschutz für die Fresken und Erdbebensicherheit bis 9 auf der offenen Richter-Skala. Als Erschwernis kam die schwierige Fundamentierung in dem sehr schlechten anstoßenden Gestein aus Serizit-Phylitschiefer (Vetters) und die notwendige Sicherung gegen die Hangwasser des Bülbül Dağs hinzu.

Für die Tragkonstruktion des Schutzhauses wurde Stahlbeton gewählt. Das Tragsystem besteht aus Stützen mit Einzelfundamenten jeweils an der äußeren Begrenzung der Wohneinheiten und den großen Stahlbetonrinnenbalken mit U-förmigem Querschnitt, die die beiden Wohneinheiten ringförmig umschließen und als Auflager für den hölzernen Dachstuhl dienen. Die antiken Mauern wurden nicht als tragende Bauteile herangezogen, hingegen wurden die Säulen der Peristylhöfe durchbohrt, armiert und als »Pendelstützen« zwischen den Konsolen des innerhalb des Stylobats untergebrachten Stahlbetonringankers (unten) und dem Stahlbetonarchitrav (oben) eingebaut. Die Dachkonstruktion besteht aus dreiecksförmigen, genagelten Holzfachwerkbindern, Sparren, einer Sichtschalung aus gespundeten Brettern und der Eindeckung aus roten Preßfalzziegeln. Durch den unregelmäßigen Grundriß hat jede Dachfläche einen anderen Neigungswinkel und jeder Dachbinder eine andere Form erhalten.

Die Überdeckung der Peristylhöfe mit einem Glasdach, als Witterungsschutz unbedingt erforderlich, gibt einen Eindruck von der ursprünglichen Belichtung der einzelnen Wohnungen. Dem gleichen Ziel dient die Rekonstruktion der über den Säulen liegenden Architravbalken, die Re-

114 Ephesos, Hanghaus 2. Östliche Seite des Schutzhauses. Die Ansicht wird bestimmt durch den hohen Rinnenbalken, der als Auflager des Daches und zur Ableitung des Regenwassers dient

115 Ephesos. Atriumhof der Wohneinheit 2. Foto: G. Wiplinger 1984

116 Ephesos. Peristylhof der Wohneinheit 2. Foto: G. Wiplinger 1984

konstruktion von Türstürzen und die neue Aufmauerung über diesen mit eigens dafür angefertigten Mauerziegeln im antiken Format. *»Obwohl durch all diese Maßnahmen versucht wird, den Eindruck des antiken Raumes so weit wie möglich zu steigern, wird der alte Originalbestand und vor allem auch der Anteil jeder Zeit am Entstehen des Bauwerks respektiert. Das heißt, daß spätere antike Einbauten, die den ursprünglichen Bauzustand verändert haben, auf keinen Fall entfernt werden, obwohl dies oft zu einem besseren Verständnis der Wohnungen beitragen würde.«* [1]

Der Unterschied zwischen originalem Bestand, Rekonstruktionen und neuer Konstruktion ist für den Besucher deutlich zu erkennen, doch wird das Raumbild in einigen Bereichen zu sehr durch die hohen Stahlbetonunterzüge und die hölzernen Fachwerkbinder dominiert. Ähnliches gilt für die äußeren Ansichten. Die Grundkonzeption der Überdeckung der Häuser mit einer kleinteiligen Dachlandschaft ist sicherlich richtig, doch wird auch hier das Aussehen des fertiggestellten Bauwerks entscheidend durch die Qualität der Architekturdetails mitbestimmt. Die für einen Schutzbau gewünschte Leichtigkeit und Transparenz läßt sich mit Stahlbeton nicht herstellen.

1987 wurde der Weiterbau des Schutzhauses vom Österreichischen Archäologischen Institut eingestellt, um durch einen Architektenwettbewerb zu einer neuen Konzeption zu gelangen.

Geringere Schwierigkeiten bei der Einpassung des Schutzhauses in die Ruinenlandschaft entstehen im allgemeinen bei höher anstehenden Ruinen, bei denen oft nur die zerstörten Geschoßdecken ersetzt werden müssen. Zwei Beispiele hierfür finden sich auf **Delos** (Kykladen), wo zum Schutz von Mosaikfußböden einige Häuser teilweise wiederaufgebaut wurden. So überragt das Schutzdach über dem Oikos im Haus des Dreizacks (Abb. 117) nur wenig den Bestand der umliegenden Mauern, die ebenfalls teilweise bis zur Höhe des Daches aufgemauert wurden. Die vier Säulen des Peristyls werden von einem Betonsturz überspannt, der durch seine formale Gestaltung deutlich machen will, daß die Säulenreihe nur eine Seite des Peristyls bildet. Die ehemalige Zweigeschossigkeit des Gebäudes wird durch die über das Dach hinausgeführten Mauern angedeutet.

Nach dem gleichen Schema sind die mosaizierten und stuckierten Räume im Haus der Masken überdacht (Abb. 118). Durch die niedrigen Wände der Nachbargebäude und des restlichen Teils des Hauses erscheint hier jedoch der wiederaufgebaute Teil isoliert und für den unbefangenen Besucher als Rekonstruktion des gesamten Hauses. Erst ein abgestufter Übergang würde hier die Teilrekonstruktion als solche kenntlich machen und helfen, Mißverständnisse zu vermeiden.

Ein besonders negatives Beispiel für ein ohne Rücksicht auf seine Umgebung und die ehemalige Architektur der Ruine geplantes Schutzhaus findet sich auf der Agora der Italiener (Abb. 119). Es ragt weit aus dem niedrigen Ruinenfeld heraus und erweckt den Eindruck, daß es sich um die Rekonstruktion eines Gebäudes handelt und nicht um den Wiederaufbau eines einzelnen Ladens innerhalb der ehemals umlaufenden Bebauung des Platzes.

Ein ähnliches Beispiel mit abruptem Übergang von Schutzhaus zu Ruine ist der Schutzbau über den Inschriften im römischen Odeion von **Gortys** (Kreta) (Abb. 121). Das als Teilrekonstruktion errichtete Gebäude aus Ziegelmauerwerk mit

117 Delos, Haus des Dreizacks. Im Hintergrund das Schutzhaus mit Betonsturz über den wiedererrichteten Säulen

118 Delos, Haus der Masken. Blick in das ehemalige Peristyl des Hauses. Im Hintergrund das Schutzhaus über den Räumen mit Mosaiken und Wandverputz

119 Delos, Agora der Italiener. Schutzhaus über einer Kultnische

Delos
Haus des Dreizacks
Schutzhaus über Fußbodenmosaiken
Ausführung: Aufmauerung der Außen- und Innenwände bis zur ehemaligen Deckenhöhe. Wiedererrichtung der Säulen des Peristyls und Überdeckung mit einem Stahlbetonsturz als Auflager der flachen Stahlbetondachdecke.
Größe: ca. 210 qm

Delos
Haus der Masken
Schutzhaus über den Repräsentationsräumen des Hauses
Ausführung: wie im Haus des Dreizacks
Größe: ca. 265 qm

Delos
Agora der Italiener
Schutzhaus über einer Kultnische
Ausführung: Aufmauerung der Seiten- und Rückwände auf den originalen Mauerzügen. Flaches Dach aus Stahlbeton.
Größe: ca. 20 qm

Gortys
Römisches Odeion
Schutzhaus über der Mauer mit den Gesetzestexten
Ausführung: Wiederaufbau eines kleinen Abschnittes des äußeren Umgangs auf den Originalmauern. Ziegelsichtmauerwerk als Kopie des ursprünglichen Mauerwerks.
Größe: ca. 6 × 4 m

120 *Side, Römische Thermen an der Agora. Thermenmuseum mit Dächern aus dünnen Stahlbetontonnengewölben*

121 *Gortys (Kreta), Römisches Odeion. Schutzhaus über einem Teil des äußeren Umgangs*

122 Side, Thermenmuseum. Deutlich ist die Grenze zwischen originalem Mauerwerk und neuer Wand- und Deckenkonstruktion erkennbar

Side
Römische Thermen an der Agora
Umbau der Agora-Thermen zu einem Museum
Ausführung: Teilweiser Wiederaufbau der Originalmauern in Natursteinmauerwerk. Überdeckung der einzelnen Räume mit einem Tonnengewölbe aus Stahlbeton. Querseiten der Tonnen verglast.
Größe: ca. 23 × 38 m
Bauzeit: 1960–61
Architekten: Ragib und S. Devres
Literatur: A. Mansel, Die Ruinen von Side (1963) S. 155, Abb. 125–126

Kämpferkapitellen nach den originalen Vorbildern ist als Rekonstruktionsabsicht nicht zu verstehen, da kein vermittelnder Übergang zu den anderen Teilen der Ruine geschaffen wurde. Die Anlage bleibt ein unverständlicher Torso. Der Verzicht auf eine eigenständige formale Gestaltung des Schutzhauses und eine gestalterische Auseinandersetzung mit der Ruine hat hier zu einer wenig ansprechenden Lösung geführt.

In vorbildlicher Weise ist dagegen die Teilrekonstruktion eines ruinösen antiken Gebäudes mit heutigen Bauformen in **Side** (Türkei) realisiert worden, wo die römische Thermenanlage an der Agora zu einem Museum ausgebaut wurde (Abb. 120, 122). Die Ruine ist in ihrer originalen Form erkennbar geblieben, da alle Wiederaufbaumaßnahmen in einer dem antiken Mauerwerk wohl angepaßten, doch deutlich unterscheidbaren Form ausgeführt worden sind. Als Raumabdeckung fanden dünne Betonschalen (Tonnengewölbe) Verwendung, deren Querseiten verglast wurden, um eine ausreichende Belichtung der ausgestellten Museumsgegenstände zu gewährleisten. Antike Bauformen wurden nicht wiederholt, sondern in moderne Bauform und -konstruktion übersetzt und in zeitgenössischer Weise architektonisch gestaltet. Die neuen Teile ordnen sich dennoch, und vielleicht gerade deshalb, dem historischen Bestand unter. In ähnlicher Form wurde das Museum in der römischen Thermenanlage in Pamukkale (Hierapolis) erbaut.

Glas und Stahl als Baumaterialien bieten sich wegen ihres extrem unterschiedlichen Materialwerts zum antiken Mauerwerksbau für Entwurfskonzeptionen an, die von der Desintegration des Schutzhauses in

123 Akragas (Agrigento), Hellenistisch-römisches Stadtgebiet. Blick auf die Grabungsfläche und die vier Schutzbauten über Räumen mit Fußbodenmosaiken

124 Akragas (Agrigento). Die beiden westlichen Schutzbauten mit Zugangssteg über den Ruinenmauern

125 Akragas (Agrigento). Schutzbauten

126 Pompeji, Schutzverglasung des Gartentrikliniums in der Casa dell' Efebo

Akragas (Agrigento)
Hellenistisch-römisches Stadtgebiet
Schutzhäuser über Räumen mit Mosaikfußböden
Ausführung: Geschweißte Stahlkonstruktion aus Winkeleisen über den originalen Mauern. Ausfachung der Wände mit transparenten Kunststofflamellen und Glasscheiben. Dacheindeckung aus transparenten Kunststoffplatten.
Größe: ca. 35 bis 55 qm

den Ruinenbestand ausgehen. Im hellenistisch-römischen Stadtgebiet von **Akragas** (Agrigento) sind zum Schutz der Fußbodenmosaiken über einzelnen Räumen Schutzhäuser aus einer leichten Stahlkonstruktion errichtet worden (Abb. 123–125). Seiten- und Dachflächen sind mit profilierten Kunststoffscheiben (»Perspex«) verkleidet, die eine diffuse Innenbeleuchtung ergeben. Im Bereich der Türen sind Klarglasscheiben eingesetzt, die einen Einblick in das Innere ermöglichen. Große Lüftungshauben im First des Daches sorgen für die notwendige Klimatisierung.

Innerhalb des Ruinengeländes mit nur einigen aufrecht stehenden Säulen erscheinen die Glashäuser deutlich als moderne Zweckbauten, als Zutaten unserer Zeit. Sie vermitteln dem Besucher, daß sie als notwendige Schutzmaßnahmen über den antiken Mosaiken errichtet worden sind und eine Anknüpfung an die historische Form des antiken Hauses nicht beabsichtigt ist.

Beispiele für derartige »Schutzverglasungen« finden sich – wie für die meisten Restaurierungsmaßnahmen – auch in **Pompeji** (Abb. 126). Ein frühes Beispiel ist die Abdeckung des bemalten Gartentrikliniums in der Casa dell'Efebo (I 7, 11) aus dem Anfang dieses Jahrhunderts.

Das wichtigste konservatorische Problem bei diesen gläsernen Schutzabdekkungen ist der bei Sonneneinstrahlung entstehende Wärmeanfall. Durch die aus dem Boden aufsteigende Feuchtigkeit entsteht ein feuchtwarmes Klima, das ideal für das Wachstum der Pflanzen ist (Treibhauseffekt), die mit ihren Wurzeln in den archäologischen Befund eindringen und ihn zerstören. Ein krasses Beispiel für diesen unerwünschten Effekt ist die Rekon-

127 Piazza Armerina, Römische Kaiservilla. Ansicht des Schutzhauses von Westen. Im Vordergrund die nicht überdeckte Thermenanlage

128 Piazza Armerina. Blick auf den Haupteingang der Villa

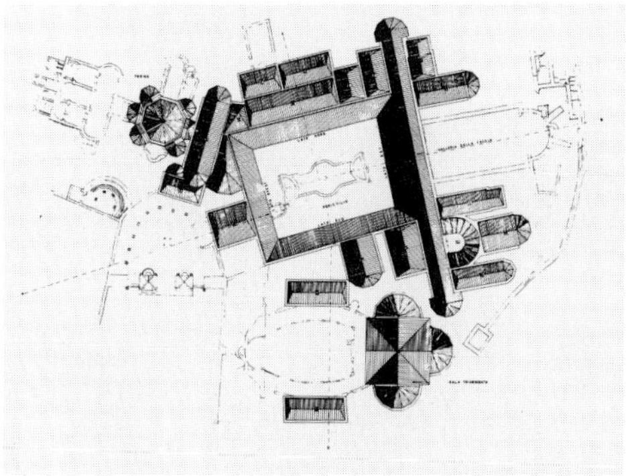

129 Piazza Armerina. Dachaufsichtsplan des Schutzhauses (aus: F. Minissi, Opere di protezione dei mosaici della Villa Romana del Casale)

130 Heraclea Minoa. Schutzverglasung über den Stufen des Theaters. Foto: D. Mertens 1968

Heraclea Minoa
Hellenistisches Theater
Rekonstruktion der Sitzstufen
Ausführung: Rekonstruktion der ehemaligen Stufenform in transparentem Kunststoff (»Perspex«, D = 8 mm) über den stark verwitterten Originalstufen.
Bauzeit: 1957
Architekt: Franco Minissi, Rom
Literatur: Restauri d'Arte in Italia (1965) S. 105–106

struktion des hellenistischen Theaters von **Heraclea Minoa** (Sizilien) (Abb. 130), wo sich unter den »Perspex«-Stufen die Pflanzen ausbreiten und zum Zerfall der nur noch geringen originalen Substanz beitragen.

Ein geschlossenes »Glashaus« verursacht immer dann besondere Schwierigkeiten, wenn auf Grund des geringen Abstandes zwischen Glas und Befund keine Wartung stattfinden kann. Bewährt hat sich hingegen dieses Prinzip bei größeren Anlagen, wo Klimatisierung und Wartung gewährleistet sind. Das wichtigste und wohl auch schönste Beispiel für ein »gläsernes« Schutzhaus ist die Überdachung der spätrömischen Kaiservilla in **Piazza Armerina** (Sizilien) (Abb. 127–129, 131–138). Ein erstes Schutzdach auf Ziegelpfeilern über dem Triclinium war bereits nach der Ausgrabung und Restaurierung der Mosaiken 1940–43 errichtet worden.[2] Da die Hirten der Umgebung mit ihren Herden das Dach als Unterstand bei Regen benutzten, entstanden erhebliche Schäden an den Mosaiken. Nach Abschluß der Grabung 1954 wurde deshalb der Bau eines großen Schutzhauses konzipiert. Franco Minissi, der Architekt, schildert die an das Schutzhaus gestellten Anforderungen: *»(a) einen neuen (nicht rekonstruierten) Raum zu erstellen, der in Beziehung zu den Mosaiken stehen soll; (b) den Besuchern die Möglichkeit zu bieten, den gesamten Innenraum der Villa zu besichtigen, ohne auf den Mosaikfußböden zu laufen; (c) die Mosaiken gänzlich vor der Witterung zu schützen, ohne ihnen jedoch die natürliche Belichtung zu nehmen; (d) als Hinzufügung zu den antiken Bauteilen nur Konstruktionsformen und Material von substanziell unterschiedlicher Art zu benutzen, um die dienende Funktion des Hinzugefügten als Kontrast zwischen Altem*

131 *Piazza Armerina. Blick in den Innenhof der Villa*

132 *Piazza Armerina. Treppe zum hochliegenden Besichtigungsgang über den Mosaiken*

133 Piazza Armerina. Anschluß des Daches an das Mauerwerk

134 Piazza Armerina. Besuchersteg über den Mosaiken

Piazza Armerina
Spätrömische Kaiservilla
Schutzhaus über den Räumen mit Fußbodenmosaiken
Ausführung: Geschweißte Stahlkonstruktion aus Rund- und Winkelstahl, Dachbinder als Fachwerkträger ausgebildet. Verankerung der Wandkonstruktion im teilweise wiederaufgebauten Mauerwerk. Ausfachung der Wände mit transparenten Kunststofflamellen (»Perspex«). Schräge Satteldächer mit einer Eindeckung aus transparenten Kunststoffplatten. Erhöhter Besichtigungsgang entlang der Außenwand.
Größe: ca. 3300 qm
Bauzeit: 1958
Architekt: Franco Minissi, Rom
Literatur: F. Minissi, Protection of the Mosaic Pavement of the Roman Villa at Piazza Armerina. In: Museum 14 (1961) S. 128–132, Abb. 74–82; Ders., Opere di protezione dei mosaici della Villa Romane del Casale – Piazza Armerina. Roma o. Jg.

und Neuem deutlich zu machen und das antike Mauerwerk unversehrt zu lassen.« [3]

Die das Dach tragenden Stützen bestehen bei den größeren Räumen aus jeweils einem Stahlrohr (D = 6 cm) auf der Innen- und Außenseite der Mauer, die durch T-Profile miteinander verbunden sind. Ihren Halt finden sie in den Mauern, die an vielen Stellen erheblich erhöht werden mußten. Den Übergang von antiker Mauer und neuzeitlicher Aufmauerung bezeichnet ein schmaler Rücksprung. Die einzelnen Räume werden durch Fachwerkbinder überdeckt, die für den Besucher durch eine untergehängte Zwischendecke aus profilierten transparenten Kunststoffplatten (»Perspex«) verborgen bleiben. Die Dacheindeckung besteht aus dem gleichen transparenten Material, so daß im Inneren eine ausreichende Helligkeit vorhanden ist. Damit die Mosaiken von den Besuchern nicht betreten werden, führt ein 1 m breiter, erhöhter Steg entlang den Außenwänden durch das Gebäude.

Die Mosaiken vermitteln dem Besucher trotz der weitgehenden Zerstörung der an-

135 Piazza Armerina. Blick vom Innenhof auf die Ostseite der Villa. Zustand nach der Ausgrabung 1954 (aus: H. Kähler, Die Villa des Maxentius bei Piazza Armerina. Berlin 1973, Taf. 2)

136 Piazza Armerina. Blick vom Innenhof auf die Westseite der Villa. Foto 1980

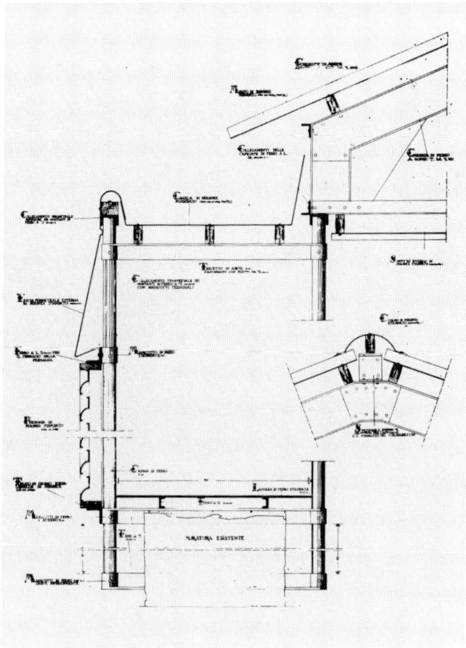

137 *Piazza Armerina. Konstruktionszeichnung (aus: F. Minissi, Opere di protezione dei mosaici della Villa Romana del Casale)*

138 *Piazza Armerina. Konstruktionsdetail. Aufbau des Schutzhauses über der Mauer. Hier fehlt der Rost für den Besichtigungsgang*

tiken Wand- und Deckenflächen einen Eindruck von der ehemaligen Pracht dieser kaiserlichen Villa aus dem späten 3. Jh. n. Chr. Doch die Architektur dieses großartigen Gebäudes, die Abfolge der einzelnen Räume, wird erst durch die »Rekonstruktion« des Raumes, durch den Schutzhausbau, deutlich und das Erlebnis der Ruinenstätte wird nicht nur durch die prächtigen Mosaiken geprägt, sondern auch durch ihre intelligente Überdachung aus Stahl und Glas.

1 G. Wiplinger, Zum Hanghausprojekt in Ephesos.In: ÖJh 56 Hauptblatt (1985) S. 86
2 G. V. Gentili, La Villa Imperiale di Piazza Armerina (1954) S. 57, Abb. 1
3 F. Minissi, Protection of the Mosaic Pavement of the Roman Villa at Piazza Armerina (Sicily). In: Museum 14 (1961) S. 131

139 *Hüfingen, Römisches Kastell. Das 1821 erbaute Schutzhaus über den Ruinen der Kastellthermen*

140 *Hüfingen. Inschrift über dem Eingang in das Schutzhaus*

Hallenbauten

Neben der Überbauung der Ruine mit einem Schutzhaus direkt auf den antiken Mauern, bietet sich als alternative Konzeption die Überbauung der Ruine mit einer großen Halle an. Die Ruinenmauern bleiben dabei weitgehend in ihrem originalen Zustand erhalten, das Schutzhaus wird um sie herumgebaut.

Eines der frühesten Beispiele dieser Art und zugleich eines der frühesten deutschen Schutzhäuser über einem ausgegrabenen römischen Bauwerk findet sich in **Hüfingen** (Baden-Württemberg) über dem römischen Kastellbad (Abb. 139, 140). Das Gebäude mit niedrigen Bruchsteinmauern besteht hauptsächlich aus einem hohen Satteldach, dessen hölzerner Dachstuhl barocker Bautradition auch das Innere bestimmt. Ein Besichtigungsgang auf der unteren Balkenlage ermöglicht die Betrachtung der Ruinen von oben.

Das sich der Landschaft gut einfügende Schutzhaus, es erinnert mit seinem hohen Dach an die Schwarzwälder Bauernhöfe, wurde 1821 errichtet und ist damit ein Beispiel für den Beginn der archäologischen Feldforschung und Denkmalpflege in Deutschland, worauf auch die lateinische Inschrift über dem Eingang hinweist: »ROMANORUM / QUAE HIC SPECTAS MONUMENTA / ERUIT POSTERISQUE SERVAVIT / CAROLUS EGON / PRINCEPS DE FÜRSTENBERG / MDCCCXXI« (Das Bauwerk der Römer, das Du hier siehst, hat Karl Egon, Fürst von Fürstenberg, erforscht und für die Nachwelt gerettet. 1821)[1]

Die nicht geringe Anzahl der Schutzhäuser aus dem 19. Jahrhundert dokumentiert das große Interesse, das bereits damals den Spuren der Vergangenheit von einem humanistisch gebildetem Publikum entgegengebracht wurde, wie auch das Verantwortungsbewußtsein für die Erhaltung der freigelegten Ruinen. Die Architektur dieser Schutzbauten entspricht zumeist den Vorstellungen des Historismus und ist, wie z. B. bei den beiden Schutzhäusern über den Mosaikfußböden der römischen

Hüfingen
Römisches Kastell
Schutzhaus über dem Kastellbad
Ausführung: Dreigeschossiger, hölzerner Dachstuhl mit liegendem und stehendem Stuhl auf 3 Stützenreihen und den Außenmauern aufliegend. Außenmauern aus unverputztem Bruchsteinmauerwerk. Dach und Giebelflächen mit grauen Asbestzementplatten verkleidet. Besichtigungsgang über den Mauern auf der ersten Balkenlage.
Größe: ca. 35 × 25 m
Bauzeit: 1821, 1968 Nachrestaurierung
Bauherr: Fürst Karl Egon II. von Fürstenberg
Literatur: A. Eckerle, Römische Badruine von Hüfingen, Lkrs. Donaueschingen. Ein Beitrag zu ihrer Konservierung. In: ANachrBad 6 (1970) S. 18–33; P. Filtzinger, D. Planck, B. Cämmerer, Die Römer in Baden-Württemberg. Stuttgart 1976, S. 303–310

141 *Zofingen, Römisches Gutshaus. Klassizistisches Schutzhaus über einem Raum mit Mosaikfußboden*

142 *Orbe, Römisches Gutshaus. Schutzhäuser über den Räumen mit Fußbodenmosaiken*

143 Orbe. Ansicht der Schutzbauten

Zofingen
Römischer Gutshof
Schutzhäuser über den Räumen mit Fußbodenmosaiken
Ausführung: Zwei nebeneinander stehende, verputzte Mauerwerksbauten in klassizistischem Stil mit 6säuligem Portikus. Flache Satteldächer mit einer Eindeckung aus Ziegeln. Belichtung durch schmale Fenster in den Seitenwänden.
Größe: jeweils 10 × 16 m
Bauzeit: 1831, 1973–75 Restaurierung
Literatur: M. Hartmann, Der römische Gutshof von Zofingen (= Archäolog. Führer der Schweiz 6) Zofingen 1975

Orbe
Römischer Gutshof
Schutzhäuser über den Räumen mit Fußbodenmosaiken
Ausführung: Vier verputzte Mauerwerksbauten, teilweise mit Lisenen- und Gesimsgliederung. Flachgeneigte Walmdächer mit einer Eindeckung aus Biberschwanzziegeln.
Größe: ca. 5 × 8 m
Bauzeit: nach Freilegung der Mosaiken in den Jahren 1841, 1862, 1925, 1936
Literatur: V. v. Gonzenbach, Die römischen Mosaiken von Orbe (= Archäologische Führer der Schweiz 4) Basel 1974

Villa in **Zofingen** (Schweiz, Kanton Aargau) aus dem Jahre 1831, von dem künstlerischen Bemühen nach einer Übereinstimmung von Form und Inhalt geprägt (Abb. 141). Wie auch andere Museumsbauten dieser Zeit sind die beiden nebeneinander stehenden Gebäude im klassizistischen Stil erbaut. Der Eingang ist durch einen 6säuligen Portikus toskanischer Ordnung betont. Die Belichtung erfolgt durch schmale Fenster an den Längsseiten.

Einfacher ausgeführt – nur noch mit einer sparsamen Pilastergliederung geschmückt – sind die Schutzhäuser über den römischen Mosaiken von **Orbe** (Schweiz, Kanton Waadt) (Abb. 142, 143) oder die 1838 vom preußischen Staat errichteten Schutzhäuser über den Mosaiken der römischen Villa von **Otrang** (Rheinland-Pfalz), die heute schon selbst als Kulturdenkmale Schutz genießen (Abb. 146).

Je exponierter die Lage des Schutzhauses auf dem Grabungsgelände ist, um so wichtiger ist der architektonische Entwurf. Liegt das Schutzhaus dagegen unauffällig an einem Berghang, wie in Pergamon (Abb. 102), oder in einem Wäldchen, wie in Seeb oder Schleitheim (Abb. 144, 149) so kann eine einfache Form von Vorteil sein. Das Schutzhaus »verschwindet« dann, wird fast unsichtbar, ohne sich von seiner Umgebung abzuheben.

So ist das Schutzhaus über dem Westteil des römischen Gutshauses in **Seeb** (Schweiz, Kanton Zürich) inmitten des »Römerwäldchens« (Abb. 144, 145) im Sommer kaum auszumachen und auch in den Jahreszeiten, in denen der Wald lichter ist, liegt es unauffällig innerhalb des Grabungsgeländes. Es ist der Prototyp für ein »einfaches« Gebäude, das seinen Charakter als notwendige schützende Hülle über den

144 Seeb, Römisches Gutshaus. Ansicht des Schutzhauses im »Römerwäldchen« über der Thermenanlage des Herrenhauses

145 Seeb. Blick ins Innere des Schutzhauses. Über den Ruinen der an der Hallenkonstruktion befestigte Besichtigungsgang

146 Otrang, Römisches Gutshaus. Schutzhäuser über den Räumen mit Fußbodenmosaiken. Rechts im Hintergrund das ehemalige Wächterhaus (heute Gaststätte) mit Pergola an Stelle der ehemaligen Portikushalle. Die Streifen im Rasen deuten die ergrabenen Mauerzüge an

Seeb
Römischer Gutshof
Schutzhaus über der Thermenanlage des Herrenhauses
Ausführung: Geschweißte Stahlkonstruktion (Zweigelenkbogen) mit innen umlaufendem Besichtigungsgang auf Konsolen. Wandverkleidung aus Wellasbestzementplatten und gewellten transparenten Kunststoffplatten (»Scobalit«). Flachgeneigtes Dach mit einer Eindeckung aus Wellasbestzementplatten. Zur Belichtung und Lüftung des Gebäudes große Fenster mit Klarglasscheiben.
Größe: ca. 12 × 25 m
Bauzeit: 1967–68
Literatur: W. Drack, Der römische Gutshof bei Seeb (= Archäologische Führer der Schweiz 1) Zürich 1974

Otrang
Römischer Gutshof
Schutzhäuser über den Räumen mit Fußbodenmosaiken
Ausführung: Vier auf den originalen Mauern errichtete verputzte Mauerwerksbauten mit hölzernen Dachstühlen. Steile Satteldächer mit Schieferdeckung.
Größe: ca. 11 × 9 m, 14 × 8 m
Bauzeit: 1838. Seit 1960 umfangreiche Restaurierungsmaßnahmen und Bau eines weiteren Schutzhauses über dem sog. Gesindebad nördl. des Herrenhauses.
Literatur: H. Cüppers, Die römische Villa Otrang. In: Führer zu den vor- und frühgeschichtlichen Denkmälern, Bd. 33 (1977) S. 279–291; Ders., Römische Villa Otrang. Führungsheft 5 der Staatl. Schlösser Rheinland-Pfalz. Mainz 1979

147 Grenzach, Museum »Römervilla«. Ansicht des Schutzhauses über einem Teil der freigelegten Ruinenmauern

148 Grenzach. Blick ins Innere des Schutzhauses. Im Hintergrund der umlaufende Besichtigungsgang

149 Schleitheim, Siedlung Juliomagus. Schutzhaus über den Vicus-Thermen

150 Schleitheim. Blick ins Innere des Schutzhauses

Ruinen nicht verleugnet. Eine unauffällige Stahlkonstruktion, Wellasbestzementplatten als Wand- und Dachflächenmaterial und große Fenster, die den Einblick ins Innere ermöglichen, bestimmen die Architektur.

Ein ähnliches Bauwerk ist der Schutzbau über den Vicus-Thermen der römischen Siedlung Juliomagus in **Schleitheim** (Schweiz, Kanton Aargau) (Abb. 149, 150).

Vergleicht man die schlichte Form dieser beiden Gebäude mit der kleinteiligen Gestaltung des Schutzhauses über der römischen Villa in **Grenzach** (Baden-Württemberg) (Abb 147, 148), so wird ihre große Qualität deutlich – besonders, wenn man hinter die »malerischen« Ziegeldächer des Grenzacher Baus blickt, die dem eigentlichen Schutzbau nur als Schaufassade vorgeblendet sind.

Durch den Bau eines Schutzhauses wird ein bestimmter Ort auf dem Grabungsge-

Grenzach
Museum »Römervilla«
Schutzbau über Wohnhaus und Badeanlage
Ausführung: Holzbinderkonstruktion auf runden Stahlstützen. Flache Halle, der ein abgetreppter Portikus mit steilem Ziegeldach vorgeblendet ist. Umlaufende Holzgalerie als Besichtigungsgang.
Größe: ca. 12 × 15 m
Bauzeit: 1986–87
Architekt: Eine Grenzacher Architektengruppe
Literatur: G. Fingerlin, Konservierung einer römischen Villa in Grenzach, Gde. Grenzach-Wyhlen, Kr. Lörrach. In: DenkmPflBadWürt 16 (1987) S. 87–90

Schleitheim
Römische Siedlung Juliomagus
Schutzhaus über den Vicus-Thermen
Ausführung: Geschweißte Stahlkonstruktion mit innen umlaufendem, hölzernen Besichtigungsgang. Wandverkleidung aus Wellasbestzementplatten und einer 1,70 m hohen Glasfront (einseitig). Flachgeneigtes Dach mit einer Eindeckung aus großprofiligen Wellasbestzementplatten.
Größe: ca. 20 × 25 m
Bauzeit: 1976
Literatur: W. Drack, Neuere und neueste Konservierungen römischer Baureste in der Schweiz. In: Konservierte Geschichte? (1985) S. 193, Abb. 141–143

151 *Iversheim, Römische Kalkbrennöfen. Ansicht des Schutzhauses aus der Perspektive des Autofahrers*

152 *Iversheim. Das Innere des Schutzhauses mit unterem und oberem Besichtigungsgang*

153 Iversheim. Blick auf den oberen Besichtigungsgang

Iversheim
Römische Kalkbrennöfen
Schutzhaus über den Ofenanlagen
Ausführung: Stahlbetonsockel mit Treppe und Besichtigungsgängen als Basis der hölzernen Wand- und Dachkonstruktion. Wandverkleidung und Dacheindekkung aus dunklen Asbestzementplatten (Schieferimitation) auf Holzschalung. Zwei flachgeneigte Zeltdächer mit jeweils einer Lichtkuppel im Zentrum. Zusätzliche Belichtung durch ein hochliegendes Fensterband.
Größe: ca. 10,50 × 15 m
Bauzeit: 1968
Architekt: Schotes, Mainz
Literatur: W. Sölter, Römische Kalkbrenner im Rheinland (= Kunst und Altertum am Rhein 31) Düsseldorf 1970

lände besonders hervorgehoben. Es entsteht ein »bedeutungsvoller Ort«, der nach einer unverwechselbaren formalen Gestalt verlangt. Bei der Formfindung sollte deshalb die Beziehung des neuen Gebäudes zu den erkennbaren Gestaltwerten des Ortes und dem Charakter der umgebenden Landschaft berücksichtigt werden, einer Umgebung, die nicht nur »natürliche« Landschaft, sondern auch eine Ruinenlandschaft oder ein historisches Ortsbild sein kann. Diese Forderung scheint, wie die Beispiele zeigen, nicht leicht zu erfüllen, denn es gibt nur wenige wirklich qualitätvolle Schutzhausbauten, bei denen die architektonische Konzeption wie die Detailausbildung zufriedenstellend sind.

Die Forderung nach einer signifikanten Form versucht das Schutzhaus über den römischen Kalkbrennöfen in **Iversheim** (Rheinland) zu erfüllen, dessen kubischer Baukörper mit seinen beiden nebeneinander liegenden Zeltdächern, den schmalen Fensterschlitzen und der dunklen Außenhaut Aufmerksamkeit erregt (Abb. 151–153). Dicht an der Bundesstraße 51 zwischen Euskirchen und Bad Münstereifel gelegen, ist dieses Gebäude für den Besucher schon von weitem als Museumsbau zu identifizieren, in dem die gesuchten römischen Kalkbrennöfen verborgen sein müssen.[2]

Im Inneren ermöglichen eine obere und eine untere Plattform, beide durch eine Treppe miteinander verbunden, alle Details der Öfen zu studieren. Gänge und Treppenanlage aus schalungsrauhem Beton dienen gleichzeitig als Fundament der hölzernen Fachwerkkonstruktion von Wand und Dach. Die äußere Verkleidung besteht aus anthrazitfarbenen Asbestzementplatten, die in der Art der in der Ge-

154 Sargans, Römisches Gutshaus. Schutzhaus über dem nordöstlichen Anbau des Herrenhauses. Im Hintergrund die mittelalterliche Burg von Sargans

155 Sargans. Ansicht des Schutzhauses von dem kleinen, am Hang gelegenen Park. Die römischen Mauern innerhalb des Schutzhauses sind deutlich zu erkennen

156, 157 Sargans. Durchführung der Mauer ins Innere des Schutzhauses

Sargans
Römischer Gutshof
Schutzhaus über dem nordöstlichen Anbau des Herrenhauses
Ausführung: Von 8 Stahlstützen getragenes flaches Dach mit allseitig raumhoher Verglasung der Seitenwände.
Größe: 10 × 10 m
Bauzeit: 1968
Architekt: Walter Schlegel, Trübbach
Literatur: B. Frei, Der römische Gutshof von Sargans (= Archäologische Führer der Schweiz 3) Basel 1971

gend üblichen Schieferbehänge angebracht sind. Ein hochliegendes Fensterband und zwei Oberlichtkuppeln an den Spitzen der Pyramidendächer sorgen für die notwendige Belichtung. Seitlich des Eingangs ist ein vierter Ofen, der für Brennversuche rekonstruiert worden ist, mit einem Schutzdach versehen, dessen Form der römischen Werkhalle nachempfunden ist.

Als bewußter Kontrast zu seiner Umgebung wurde das Schutzhaus über dem nördlichen Anbau des Herrenhauses des römischen Gutshofes in **Sargans** (Schweiz, Kanton St. Gallen) entworfen (Abb. 154–157). Es ist ein quadratischer Glaskubus von 10 × 10 m Seitenlänge, etwas erhöht direkt neben der Straße gelegen, dessen flaches Dach von 8 Stahlstützen getragen wird. Die konservierten Mauern führen teilweise von außen direkt durch die Glaswand ins Innere des Pavillons, das der Besucher durch die großen Glasflächen ungestört betrachten kann. Das Schutzhaus erscheint dem Besucher wie eine große »Glasglocke«, die über die Ruine gedeckt worden ist.

Eine ähnliche Konzeption liegt dem Schutzhaus über der Thermenanlage einer römischen Mansio des späten 1. Jh. n. Chr. in **Windisch** (Schweiz, Kanton Aargau) zu Grunde (Abb. 158). Der kleine fast quadratische Bau befindet ich auf einem Friedhof und ist wegen seiner geringen Höhe kaum zu entdecken. Ein äußerer Umgang entlang der allseitigen Verglasung ermöglicht dem Besucher die ca. 2,50 m tiefer liegenden Ruinenmauern zu betrachten, deren Wandmalereien sich in einem guten Zustand befinden.[3] Die Glaswände reichen nur bis zur Unterkante der Stahlträger, darüber befindet sich bis zum Dach ein ca. 50 cm breiter Lüftungsschlitz, der

158 Windisch, Schutzhaus über der Thermenanlage einer römischen Mansio. Stahlkonstruktion mit äußerem überdeckten Umgang

159 Augst-Kaiseraugst. Schutzbau über zwei römischen Ziegelbrennöfen innerhalb der neuzeitlichen Wohnsiedlung auf dem Liebrüti

eine ausreichende Belüftung des Innenraumes ermöglicht. Der 1 m breite Dachüberstand schützt außerdem vor direkter Sonneneinstrahlung. Die architektonischen Details sind nicht so elegant wie in Sargans, doch ist dieser Schutzbau im ganzen eine akzeptable Lösung und passend für diesen Ort.

Nach dem gleichen Prinzip, jedoch nicht in Stahl, sondern mit Betonfertigteilen, wurde der Schutzbau über römischen Ziegelbrennöfen in **Augst-Kaiseraugst** (Schweiz, Kanton Aargau) erbaut (Abb. 159). Bei der archäologischen Untersuchung des Liebrüti, einer als Baugebiet ausgewiesenen Fläche außerhalb der römischen Stadtmauer von Augst (Augusta Raurica), wurde eine römische Ziegelbrennerei freigelegt, die erhalten werden sollte. Der Platz für den darüber zu erstellenden Schutzbau wurde innerhalb der Siedlung ausgespart und mit ähnlichen Fertigteilen (und von der gleichen Firma) ein Gebäude erstellt, das sich in das Bild der umliegenden Wohnhäuser problemlos einfügt. Die Besichtigung der Funde, Modelle und Ausstellungsstücke geschieht von einem rampenartigen Umgang durch die großen Schaufensterscheiben und ist sogar nachts bei elektrischer Beleuchtung möglich, die von dem Besucher angeschaltet werden kann.

Diese moderne »Glasvitrine« (Tomasevic-Buck) ist eine interessante architektonische Lösung, doch erzeugen die großen Glasscheiben ohne entsprechenden Sonnenschutz erhebliche Klimatisierungsprobleme. Ohne zusätzliche Regelung der Temperatur und Luftfeuchtigkeit kommt es an Stellen mit aufsteigender Bodenfeuchtigkeit nach kurzer Zeit zu Algen-, Pilz- und Moosbildung. Da die Ruine nicht völlig vom Erdboden zu isolieren ist, kann eine gleichmäßige Temperatur und Luftfeuchtigkeit, wie sie für eine dauerhafte Konservierung erforderlich wäre, nur durch den Einsatz von Klimageräten erreicht werden. Diese benötigen neben zusätzlichem Energieaufwand eine regelmäßige Wartung – ein Aufwand, der gerade durch diese Form des Schutzhauses vermieden werden sollte.

Windisch
Thermenanlage einer römischen Mansio am Rande des Legionslagers
Ausführung: Niedrige Stahlkonstruktion (H = 3 m) mit flachem Dach und 2 Lichtkuppeln. Allseitige Verglasung bis zur Unterkante der Dachträger, darüber Lüftungsschlitz. 1 m breiter, überdeckter, gepflasterter Umgang.
Größe: ca. 16 × 13 m
Bauzeit: 1972
Literatur: W. Drack, Neuere und neueste Konservierungen römischer Baureste in der Schweiz. In: Konservierte Geschichte? (1985) S. 193, Abb. 144–146

Augst – Kaiseraugst
Augusta Raurica
Schutzhaus über zwei römischen Ziegelbrennöfen
Ausführung: Rechteckiger Betonbau aus Beton-Fertigteilen mit Umgang, dreieckigen schaufensterartigen Vorbauten und flachem Dach.
Größe: ca. 10 × 15 m
Bauzeit: 1979–80
Literatur: T. Tomasevic-Buck, Die Ziegelbrennöfen der Legio I Martia in Kaiseraugst und die Ausgrabungen in der Liebrüti 1970–75 (= Archäologischer Führer durch Augst/Kaiseraugst 1) 1982

160 Rom, Ara Pacis Augustae. Ansicht der Vorderfront des Schutzhauses neben der Bebauung aus den 30er Jahren. Rechts die Kirche S. Rocco, dahinter (verdeckt) das Mausoleum des Augustus

161 Rom, Ara Pacis Augustae. Das Innere des Schutzhauses. Im Vordergrund Erläuterungen zu den 1987 durchgeführten Restaurierungsarbeiten

162 Rom. Seitlicher Besichtigungsgang

Rom
Ara Pacis Augustae
Schutzhaus über dem wiedererrichteten Altar
Ausführung: Auf einem mit Naturstein verkleideten hohen Sockel errichtete Stahlbetonkonstruktion. Flaches Dach mit Oberlichtern. Wandflächen vollständig verglast, zwischen den Doppelstützen Lüftungsklappen.
Größe: ca. 20 × 40 m
Bauzeit: 1937–38
Architekt: R. Vaselli
Literatur: G. Moretti, Lo Scavo e la Ricostruziazione dell'Ara Pacis Augustae. In: Capitolinum XIV (1938) S. 479–508

Das klassische Beispiel eines Schutzhauses, bei dem die Architektur daraufhin entworfen ist, die Bedeutung des in ihm enthaltenen Monuments hervorzuheben, ist der Schutzbau über der Ara Pacis Augustae in **Rom** (Abb. 160–162). Er wurde zum zweitausendsten Geburtstag des Kaisers Augustus, am 23. September 1938, von Mussolini feierlich eingeweiht und gehört mit zu den umfangreichen archäologischen Maßnahmen in Rom während des Faschismus. Am Tiberufer, zwischen dem Lungotevere in Augusta und der Via Ripetta, gegenüber dem zu gleicher Zeit von seiner späteren Überbauung gereinigten Augustus-Mausoleum, fand sich ein schmaler Bauplatz, der es jedoch nicht zuließ, den Altar in seiner ursprünglichen Ost-West-Richtung wieder aufzustellen. 1937–38 hatten am originalen Standort der Ara Pacis, an der antiken Via Flaminia (heute Via dell Corso) noch einmal Grabungen stattgefunden. Die verstreut aufbewahrten Reliefplatten des seit 1859 bekannten und bereits 1903 ausgegrabenen Monuments wurden wieder zusammengeführt, restauriert und am neuen Standort im Schutzhaus aufgebaut.[4] Eine neuerliche Restaurierung hat vor kurzem stattgefunden.

Die Belichtung des Monuments durch die hohen Seitenfenster und die Oberlichter im Dach ist im Gegensatz zum direkten Sonnenlicht sehr diffus und gibt dem Marmorreliefs ein etwas kalkartiges, fahles Aussehen. Es fällt deshalb nicht leicht, die originalen Fragmente von den Gipsergänzungen zu unterscheiden. Trotz dieses Mangels ist der Altar in dieser monumentalen Halle bedeutend besser geschützt als alle frei in der Stadt stehenden Monumente.

163 Nea-Paphos, Haus des Dionysos. Ansicht des Schutzhauses. Links der Eingangsbau

164 Nea-Paphos, Haus des Dionysos. Inneres des Schutzhauses mit hölzernem Besichtigungssteg

165 Nea-Paphos, Haus des Dionysos. Inneres des Schutzhauses mit seitlichen Besichtigungsstegen über den Mosaiken. Fotos: W. Hoepfner 1983

Nea-Paphos
Haus des Dionysos
Schutzhaus über Fußbodenmosaiken
Ausführung: Betonringanker über den aufgemauerten antiken Mauerzügen als Basis der hölzernen Wand- und Dachkonstruktion. Wandverkleidung aus heller Holzschalung. Flachgeneigte Walmdächer mit einer Eindeckung aus Wellasbestzementplatten. Belichtung durch hochliegende Fensterbänder, Belüftung durch Lamellenfenster unterhalb der Traufe des Hauptdaches. Besucherstege über den Mosaiken.
Größe: ca. 65 × 32 m
Bauzeit: 1977–79. Vorgängerbau 1974
Literatur: AnnRepCypr 1978 (1979) S. 18

Ein großes konservatorisches Problem entsteht mit der Freilegung römischer Villen mit meist noch gut erhaltenen Innendekorationen, Mosaikfußböden und Einrichtungen. Sollen die empfindlichen Bauteile erhalten bleiben und der Öffentlichkeit zugänglich gemacht werden, so werden Schutzhäuser von erheblicher Größe erforderlich. Während sich bei den kleineren Schutzhäusern überwiegend Mauerwerks- und Stahlbaukonstruktionen finden, sind diese großen Hallen überwiegend als Holzkonstruktionen errichtet.

Ein Beispiel hierfür ist der langgestreckte hölzerne Fachwerkbau über dem Haus des Dionysos in **Nea-Paphos** auf Zypern (Abb. 163–165). Der Eingang wird durch

166 *Lullingstone, Römisches Gutshaus. Ansicht des Schutzhauses*

167 *Lullingstone. Blick ins Innere des Schutzhauses. Links hölzerne Galerie (vgl. Abb. 169)*

168 Lullingstone. Ansicht des Schutzhauses auf der Hangseite. Links der Eingang in das Gebäude

einen querliegenden Kopfbau betont. Die Belichtung erfolgt durch ein hochliegendes Fensterband, über dem eine Reihe von Lamellenfenstern eine kontinuierliche Lüftung sicherstellen. Als Fundament der Fachwerkständer dient eine Stahlbetonkonstruktion über den aufgemauerten Außenwänden, die gleichzeitig als Tragkonstruktion der Laufstege ausgebildet ist. Der Eindruck des Innenraumes ist durch die Felderteilung der hölzernen Geländer etwas verwirrend.

Lullingstone
Römischer Gutshof
Schutzhaus über dem Herrenhaus
Ausführung: Weitgespannte Holzbinderkonstruktion mit schrägem Pultdach. Wandverkleidung und Dacheindeckung aus Wellasbestzementplatten. Belichtung durch Fenster in den Seitenwänden und transparenten Wellplatten im Dach. Besuchergalerie auf der erhöhten Längsseite.
Größe: ca. 45 × 25 m
Bauzeit: um 1965
Literatur: W. Meates, Lullingstone. Roman Villa. London 1978 (8. Aufl.)

Das Schutzhaus über der römischen Villa von **Lulligstone** (Kent) wurde in einem Abstand von 2,5 bis 5 m von den Mauern des antiken Gebäudes errichtet (Abb. 166–169). Auf dem sich dadurch ergebenden Umgang kann der Besucher um das antike Gebäude herumgehen und

169 Lullingstone. Empore mit Schaukästen

170 Fishbourne. Schutzhaus über dem Nordflügel des römischen Palastes. Die Streifen im Rasen deuten die ergrabenen Mauerzüge des Ostflügels an

171 Fishbourne. Blick ins Innere des Schutzhauses

172 Fishbourne. Besichtigungsgang

173 Fishbourne. Vorführung »römischer« Waffen und Uniformen

Fishbourne
Römischer Palast
Schutzhaus über dem Nordflügel
Ausführung: Langgestreckte Halle mit sägezahnartigem Dach. Holzbinderkonstruktion mit Stützen im Abstand der ehem. Peristylsäulen. Belichtung durch raumhohe Verglasung an der Garten- und Stirnseite und ein schmales Lichtband an der Nordseite. Hölzerne Besucherstege über den Mosaiken.
Größe: ca. 80 × 22 m
Bauzeit: um 1970
Literatur: B. Cunliffe, Fishbourne – A Guide to the Site. London 1977

zusätzlich von einer Galerie die Mosaikfußböden von oben betrachten. Die einfache Holzständerbauweise mit einer Wandverkleidung aus Wellasbestzementplatten, den großen Lichtbändern im Dach und an den Seitenwänden fügt sich gut in die Architektur der ländlichen Umgebung.

Sehr viel aufwendiger ist dagegen die Präsentation des römischen Palastes von **Fishbourne** (Sussex), einem der attraktivsten und meistbesuchtesten Ausflugsziele in Südengland (Abb. 170–173). Außer dem eigentlichen Schutzbau über dem Nordflügel des Palastes besteht die Anlage aus eine großen Empfangshalle mit Verkaufsständen und einem Modell des römischen Gebäudes, dem Grabungsmuseum, der rekonstruierten Gartenanlage, in der auch »römische« Pflanzen verkauft werden, einem Restaurant, Picknickwiese, mehreren Nebengebäuden und natürlich einem großen Parkplatz. Die Ruine wird auf vielfältige Weise dargeboten und der Öffentlichkeit erschlossen.

Im Schutzhaus selbst wird der Besucher auf hölzernen Stegen über Mauern und Mosaiken hinweggeführt. An den Geländern angebrachte Schautafeln helfen bei der Identifizierung der einzelnen Mauerzüge und Räume. Weitere Erläuterungen findet er in einem reichen Angebot von Broschüren und dem Grabungsmuseum, wo die Geschichte und Bedeutung dieser Villa ausführlich erläutert wird.

Die Belichtung der Halle erfolgt durch große Fensterflächen an der Stirnseite, der Gartenseite und ein schmales Lichtband auf der Nordseite. Die Dachkonstruktion ist als Faltdach ausgebildet, dessen Stützenabstände die Interkolumnien der nicht mehr vorhandnen Peristylsäulen wieder aufnehmen. Die sehr eigenständige Dachform macht diesen Rekonstruktionsver-

174 Weißenburg, Römisches Kastell Biriciana. Schutzhaus über dem Kastellbad. Eingangsfront

175 Weißenburg. Inneres des Schutzhauses. Die zeltartige Dachkonstruktion liegt nur auf wenigen Betonstützen auf und ist unterhalb der Dachtraufe rundherum verglast

176 Weißenburg. Inneres des Schutzhauses

such jedoch schwer nachvollziehbar. Fehlender Sonnenschutz in Verbindung mit aufsteigender Bodenfeuchtigkeit hat an mehreren Stellen zur Algen- und Moosbildung an den Mauern geführt.

Weißenburg
Römisches Kastell Biriciana
Schutzhaus über dem Kastellbad
Ausführung: Auf einzelnen Betonstützen aufgelagerte, weitgespannte, zeltartige Holzkonstruktion mit dreiecksförmigen Dachflächen. Dacheindeckung aus Ziegeln und transparenten gewellten Kunststoffplatten. Wandflächen umlaufend verglast. Hölzerne Besucherstege über den Mauern.
Größe: ca. 2500 qm
Bauzeit: 1978–79
Architekt: Günther W. Wörrlein, Nürnberg
Literatur: H. Koschik und Z. Visy, Römische Thermen von Weißenburg in Bayern. In: Konservierte Geschichte? (1985) S. 153–165; L. Wamser, Biriciana – Weißenburg zur Römerzeit. Kastell-Thermen-Römermuseum (= Führer zu archäologischen Denkmälern in Bayern. Franken Bd. 1) Stuttgart 1984

Einer der eigenwilligsten Schutzbauten dieses Hallentyps ist das nur auf wenigen Stützen aufgelagerte zeltartige Dach über der Thermenanlage des römischen Kastells Biriciana in **Weißenburg** (Bayern) (Abb. 174–176). Das in einzelne Segmente aufgeteilte Dach mit großen transparenten Flächen wird von hölzernen Fachwerkbindern mit stählernen Zugbändern getragen. Die Wandflächen unterhalb des Daches sind vollständig verglast, so daß ein Blick auf die restaurierten Grabungsbefunde von außen jederzeit möglich ist.

Die interessante Konstruktion des Daches bestimmt jedoch fast aufdringlich das Bild des Innenraumes. Sie ist so vielfältig, daß eine ruhige Betrachtung der Ruine kaum möglich ist, da der Blick immer wieder durch die Zugbänder und hölzernen Streben des Daches angezogen wird. Hier wäre eine weniger aufwendige Konstruktion und eine einfachere Gestaltung angebrachter gewesen. Im Äußeren gibt die ungewöhnliche zeltartige Form dem Schutzhaus jedoch eine charakteristische Form und macht es damit, als Museumsbau, von seiner aus einfachen Wohnhäusern bestehenden Nachbarschaft unterscheidbar.

1 P. Filtzinger, D. Planck, B. Cämmerer, Die Römer in Baden-Württemberg (1976) S. 303
2 Unterstützt wird das Auffinden durch die prägnante Ausschilderung mit der Bezeichnung »Archäologisches Denkmal« im grünen Kreis und einem Aquädukt als Signet.
3 Der Verzicht auf regelmäßige Unterhaltungsarbeiten hat bereits dazu geführt, daß sich ein kräftiger Pflanzenbewuchs an den Seitenwänden entwickeln konnte (1987).
4 G. Moretti, Lo Scavo e la Ricostruziazione dell'Ara Pacis Augustae. In: Capitolinum XIV (1938) S. 479–508

177 Köln-Weiden, Römische Grabkammer. Die Aufschrift »RÖMERGRAB« bezeichnet den Eingang in die Grabkammer. Rechts das Wohnhaus des Wächters

178 Köln-Weiden. Schnitt durch Schutzhaus und Grabkammer (nach: Deckers/Noelke (1980) Abb. 4)

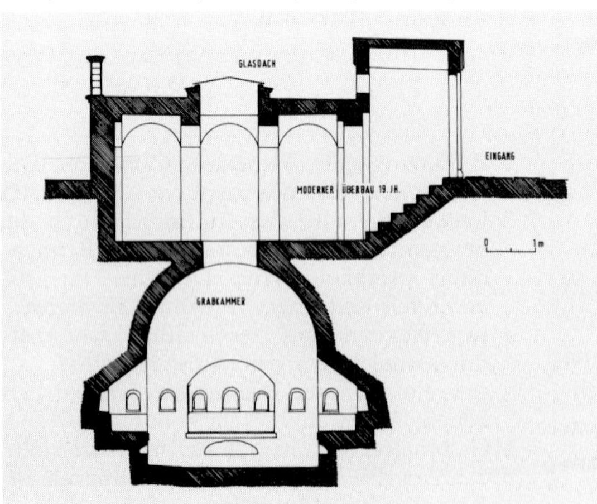

179 Köln–Weiden. Grabkammer mit Reliefsarkophag (Postkarte)

Schutzhäuser über unterirdischen Grabanlagen

Eine besondere Art von Schutzbauten ist für die Konservierung unterirdischer Grabanlagen erforderlich, die nach ihrer Freilegung zugänglich bleiben sollen. Hierbei sind erhebliche konservatorische Probleme zu beachten, die von der statischen Sicherung der Grabanlage über Trockenhaltung, Lüftung, Klimatisierung, Diebstahlsicherung, Beleuchtung des Inneren bis zur äußeren Erschließung der Anlage reichen. Bleiben dabei nur Teilaspekte unberücksichtigt, so können sich mit der Zeit erhebliche Schäden einstellen, wie in den Höhlen von Lascaux,[1] Altamira oder den Gräbern im Tal der Könige (Theben-West, Ägypten).

1843 wurde in der Nähe von Köln, in dem Dorf **Weiden**, bei Bauarbeiten zufällig eine römische Grabanlage entdeckt, deren Gewölbe bereits eingestürzt war. Um der geplanten Zerstörung zuvorzukommen, wurde durch die Vermittlung des damaligen Kölner Dombaumeisters, Ernst Friedrich Zwirner, das Grab vom preußischen Staat erworben und restauriert.

Das Gewölbe wurde in der noch erkennbaren ursprünglichen Form erneuert und darüber ein Schutzbau errichtet (Abb. 177–179). Eine Öffnung im Gewölbescheitel und ein Oberlicht auf dem Dach des Schutzhauses dienen zur Belichtung der Grabkammer. Neben dem Schutzbau wurde ein bescheidenes Aufseherhaus erbaut. *»Damit war in einer – auch nach heutigen Vorstellungen – beispielhaften Weise das Ensemble konserviert und der Öffentlichkeit zugänglich gemacht. Nur die in der Kammer allzu gefährdeten Kleinfunde wurden in das Antiquarium der Berliner Museen verbracht und sind leider in den Wirren des Zweiten Weltkrieges zu einem Teil verschollen.«*[2] 1977–79 hat eine gründliche Restaurierung der Grabkammer stattgefunden, bei der zur Regulierung der eindringenden Feuchtigkeit elektrische Heizstrahler eingebaut wurden.

Umfangreiche Baumaßnahmen waren auch für die Erschließung und die Konservierung der Wandmalereien des archaischen Kammergrabes in **Kizibel** (Lykien) erforderlich (Abb. 180–182). So wurden nach der vollständigen Freilegung des Grabes die massiven Dachplatten durch eine Verbleiung neu gedichtet und vor der Grabkammer ein Schutzhaus aus Stahlbeton errichtet, das mit einer lichten Höhe von 3 m einen freien Blick auf die Fassade

Köln-Weiden
Römische Grabkammer
Schutzbau und Wächterwohnhaus
Ausführung: Dreischiffiger Schutzbau über der Grabkammer mit Eingang auf Straßenniveau. Belichtung der Grabkammer durch Öffnung im Gewölbescheitel und Oberlicht im Schutzbau.
Größe: 5,5 × 5,5 m (ohne Eingangsbau)
Bauzeit: 1844
Architekt: E. F. Zwirner, Köln
Literatur: J. Deckers und P. Noelke, Die römische Grabkammer in Köln-Weiden (= Rheinische Kunststätten 238) Köln 1980

180 Kizibel, Archaisches Kammergrab. Fertigstellung der Aufschüttung über Grabkammer und Vorraum. Rechts der Eingangsbau (aus: M.J. Mellink, AJA 79 (1975), Taf. 60, Abb. 12)

181 Kizibel. Im Vordergrund das freigelegte Kammergrab, daran anschließend der Vorbau und, als freistehender Baukörper, der Eingangsbau (aus: M.J. Mellink, AJA 79 (1975), Taf. 60, Abb. 10)

182 Tarquinia, Monterozzi-Nekropole. Schutzhäuser über den Eingängen zu den etruskischen Grabanlagen

Kizibel
Archaisches Kammergrab
Schutzbau zur Erschließung des Grabes
Ausführung: Nach Freilegung und Dichtung der Grabkammer Bau eines 3 m hohen Schutzraumes vor dem Eingang zum Grab. Daran anschließend ein separater Eingangsraum auf höherem Niveau mit Wänden aus Bruchsteinmauerwerk und flachem Stahlbetondach. Belichtung des Eingangsraumes durch hochliegendes Fensterband. Grabkammer und Schutzraum durch Tumulus überdeckt.
Größe: Eingangsbau ca. 4 × 6 m
Bauzeit: 1974
Architekt: D. M. Uz, M. Tuncay Günay
Literatur: M. J. Mellink, AJA 79 (1975) S. 353–355

Tarquinia
Monterozzi-Nekropole
Schutzhäuser über den Eingängen zu den etruskischen Gräbern
Ausführung: Seitliche Abmauerung der Zugangstreppe und eines kleinen Vorplatzes. Hölzerne Dachkonstruktion mit einer Eindeckung aus Ziegeln.
Größe: ca. 2 × 6 m

der Grabkammer ermöglicht. Schutzbau und Grabkammer wurden mit dem wiederaufgeschütteten Tumulus überdeckt, so daß nur der vor dem Schutzraum liegende Eingangsbau sichtbar blieb. Dieses Gebäude erschließt und belichtet die Anlage, während der Schutzraum als Schleuse zur Aufrechterhaltung einer gleichbleibenden Temperatur, Helligkeit und Feuchtigkeit in der Grabkammer dient.

In ähnlicher Weise, jedoch ohne einen besonderen Vorraum, sind die etruskischen Gräber der Monterozzi-Nekropole bei **Tarquinia** (Latium) erschlossen (Abb. 182). Die steilen Treppen zu den Grabkammern sind beidseitig abgemauert und mit einem Ziegeldach eingedeckt. Der Zugang von außen führt über einen kleinen Vorplatz direkt zur Treppe in die Grabkammer. Da die wichtigsten Gräber mit diesen Schutzhäuschen versehen sind, erkennt man die Nekropole schon von weitem an der auf freiem Feld stehenden Gruppen kleiner Häuschen mit roten Ziegeldächern.

Weil in Tarquinia die archäologischen Denkmäler durch eine ausufernde Zersiedelung und die Zerstörung der Landschaft zunehmend gefährdet sind, wurde bereits 1971 von italienischen und englischen Archäologen ein Plan ausgearbeitet, der vorsah, die Nekropolen in einen »archäologischen Park« zu integrieren, der ihrem Schutz, der weiteren Erforschung und der Erhaltung von Natur und Landschaft dienen soll.[3]

Daß für die Konservierung von Grabanlagen besonders die sorgfältige Dichtung der Grabkammer erforderlich ist, zeigen die Schäden am Kammergrab mit der ionischen Front in **Vergina** (Makedonien) (Abb. 186). Das Grab ist seit 1929 bekannt

183 Levkadia, Großes makedonisches Kammergrab. Eingangsfront des Schutzbaus

184 Levkadia. Freistehende Grabkammer im Inneren des Schutzhauses mit seitlichen Abstützungen

185 Levkadia. Fassade der Grabkammer mit Sicherungskonstruktion. Fotos 1980

186 Vergina. Kammergrab mit der ionischen Front. Foto 1980

Levkadia
Großes makedonisches Kammergrab
Schutzhaus über der Grabanlage
Ausführung: Überbauung der freigelegten Grabkammer mit einem Stahlbetonbau.
Belichtung des Schutzhauses durch hochliegendes Fensterband.
Größe: 9 × 9 m
Bauzeit: 1964
Literatur: Ph. M. Petsas, Das Grab von Levkadia (1966); Ders., Prakt 1964, S. 192, Taf. 184 b

Vergina
Kammergrab mit der ionischen Front
Freigelegte Grabanlage
Ausführung: Abdichtung des Grabdaches mit Zementestrich. Ehemalige Baugrube mit kleinen Steinen zugesetzt. Fassade freiliegend. Ausgrabung 1938, Fassade 1955 freigelegt.
Größe: ca. 5,50 × 8,50 m
Literatur: Prakt 1955, S. 338–339, Taf. 138 a

und wurde 1938 ausgegraben. 1955 wurde die Fassade freigelegt und ein offener Zugang geschaffen. Als Konservierungsmaßnahme erhielt das Gewölbe eine Abdekkung mit einer dünnen Schicht Zementmörtel. Darüber wurde die Erde wieder aufgehäuft und vor dem Grab ein kleiner Graben gezogen zur Ableitung des Regenwassers.

Eine Dichtung aus Zementmörtel hat jedoch wegen der geringen Elastizität des Materials keinen langen Bestand. Sie reißt nach kurzer Zeit und wird undicht. Heute dringt das Regenwasser in die Grabkammer und wegen des fehlenden Schräggeisons läuft das Wasser auch an der Fassade herunter. Deutlich erkennt man die Spuren im weichen Tuffstein. Der Fußboden und der untere Teil der Wände sind – wegen einer fehlenden Drainage – mit einem grünen Teppich von Algen und Moosen überzogen. Von der ehemaligen Bemalung des Frieses war 1980 nichts mehr erhalten. Durch den Verzicht auf wirkungsvolle Schutzmaßnahmen hat in diesem Fall die weitere Ausgrabung den Prozeß einer langsamen, aber kontinuierlichen Zerstörung der Anlage zur Folge gehabt.

Nicht ohne Probleme ist aber auch die vollständige Freilegung einer unterirdischen Grabkammer und ihre anschließende Überbauung mit einem Schutzhaus. Mit der Überbauung wird wohl die Durchfeuchtung durch Niederschlagswasser beseitigt, doch werden gleichzeitig die ursprünglichen klimatischen wie statischen Verhältnisse stark verändert. War das Grab in der Erde immer feucht, so beginnen mit der Austrocknung der Dekken und Wände nach der Freilegung auch die Farben und Stukkaturen zu trocknen, werden rissig und blättern ab. Durch die

187 Levkadia, Kammergrab mit den ionischen Halbsäulen. Eingangsfront des Schutzbaus

aufsteigende Bodenfeuchtigkeit und eine hohe Lufttemperatur kann es zu starkem biologischen Befall – Bakterien, Algen, Pilze, Moose – kommen. Durch die vollständige Freistellung der Grabkammer können durch den Gewölbeschub die Seitenwände auseinandergedrückt werden, weil der Erddruck als Widerlager fehlt.

Alle diese Schäden finden sich an dem Großen makedonischen Kammergrab in **Levkadia** (Makedonien), das nach seiner vollständigen Freilegung 1964 mit einem aufwendigen Schutzbau umgeben wurde (Abb. 183–185). Durch die intensive Sonneneinstrahlung auf das gewölbte Betondach entsteht in der Halle wegen der fehlenden Klimaanlage ein Wärmestau, der das Austrocknen der Malereien und, in Verbindung mit der aufsteigenden Bodenfeuchtigkeit, starken biologischen Befall am Fuß der Wände zur Folge hat. Die klaffenden Risse in der Fassade der Grabkammer sind durch den Gewölbeschub entstanden, der ehedem von dem umgebenden Erdreich aufgenommen wurde. Um ein weiteres Auseinanderbrechen zu verhindern, wurden hölzerne Stützkonstruktionen eingebaut.

Ein zweites Schutzhaus wurde in **Levkadia** über dem erst 1971 entdeckten Kammergrab mit den ionischen Halbsäulen erbaut (Abb. 187). Das Dach des Schutzhauses schließt mit der Oberkante des Erdreichs ab. Die Seitenwände des schrägen Zugangs sind aus Naturstein errichtet, der Weg zum Grab führt über flache Stufen abwärts. Eine Eisentür schließt den Zugang zum Grabbau ab, der frei im Schutzhaus steht. Das anfallende Regenwasser von der Rampe wird vor dem Eingang gesammelt und durch eine automatische Pumpanlage abgesaugt. Der Vorraum der Grabkammer ist mit einem flachen Betondach abgedeckt, der hintere Teil mit einem Satteldach aus gewellten Asbestzementplatten.

188 Abu Simbel. Technische Zentrale im »Großen Dom« über der Grabkammer (aus: Desroches-Noblecourt/Gerster, Die Welt rettet Abu Simbel. 1968, Abb. 102)

Das Grab ist besser konserviert als das erste Beispiel, doch zeigen sich auch hier deutliche Schäden an Stuck und Malereien.

Levkadia
Kammergrab mit den ionischen Halbsäulen
Schutzhaus über der Grabanlage
Ausführung: Überbauung des Vorraumes mit einer flachen Betondecke auf seitlichen Natursteinmauern. Die freistehende Grabkammer mit einem schrägen Dach aus Wellasbestzementplatten abgedeckt.
Größe: ca. 6 × 9 m
Bauzeit: um 1977
Literatur: K. Rhomiopoulou, AAA 6 (1973) S. 87–92, Abb. 1–5

Die bisher größten Schutzbauten über »unterirdischen« Monumenten wurden über den versetzten und wiedererrichteten Tempeln von **Abu Simbel** (Nubien) errichtet.[4] Die beiden, von den Ingenieuren als »Dome« bezeichneten Betonkuppeln mit Spannweiten von 24 und 59 m haben die Aufgabe, die aus dem Felsen gesägten und wieder zusammengesetzten Tempel vom Erddruck der Schüttmassen freizuhalten und die Fassade abzustützen. Sie bestehen aus einzelnen Bögen mit einer Dicke von 1,20 bis 2,00 m, die nacheinander auf Lehrgerüsten betoniert wurden. Auf ihnen liegen die zur Rekonstruktion des ehemaligen Geländes aufgebrachten Sand- und Felsmassen.

Der Raum im Inneren der »Dome« nimmt die technischen Geräte und Installationen auf, die zur Belüftung und Klimatisierung der Tempelkammern erforderlich sind (Abb. 188). Erdbewegungen, Materialveränderungen, Setzungen und Klimaschwankungen werden hier permanent kontrolliert und aufgezeichnet. Die Besichtigung dieser Räume macht deutlich, welch hoher technischer Aufwand erforderlich ist, um die Monumente nach ihrer Umsetzung in der veränderten Umgebung auch weiterhin zu erhalten.

1 M. Hours, Die »grüne« und die »weiße« Krankheit. In: Ausstellungskatalog: Lascaux, Höhle der Eiszeit. Roemer- und Pelizaeus-Museum, Hildesheim 1982, S. 64 ff.
2 J. Deckers und P. Noelke, Die römische Grabkammer in Köln-Weiden (= Rheinische Kunststätten 238). Köln 1980, S. 3
3 Comitato per la Attività Archeologiche nella Tuscia. Proposta per un Parco Archeologico-Naturale in Tarquinia. Roma 1971
4 Arab Republic of Egypt. (Ministry of Culture), The Salvage of the Abu Simbel Temples. Concluding Report. Stockholm 1971

189 Köln. Ruinen des römischen Praetorium unter dem Neuen Rathaus. Rheinfront. Im Vordergrund Modell des spätantiken Statthalterpalastes (4. Jh. n. Chr.) Foto: M. Jeiter – Postkarte –

190 Köln, Römisches Praetorium. Blick auf die freigelegten Mauerreste (aus: Das römische Praetorium unter dem Kölner Rathaus. Faltblatt der Museen der Stadt Köln. 1987)

Archäologische Krypten

Eine besondere Gruppe von Schutzbauten bilden die unterirdischen Museumsräume, die »archäologischen Krypten« und »Keller«, die unter dem Straßenpflaster, Kirchenfußboden oder einem neuzeitlichen Gebäude die Überreste bedeutender historischer Bauwerke beherbergen und der Öffentlichkeit in situ zugänglich erhalten.

»Mit dem Fahrstuhl in die Römerzeit« hieß das 1959 erschienene Buch von Rudolf Pörtner über die *»geschichtlichen, geistigen und materiellen Hinterlassenschaften der Römer in Deutschland«*.[1] Dieser Titel nahm Bezug auf den Fahrstuhl, mit dem man im Neuen Rathaus in **Köln** in das archäologische Museum im Untergeschoß des Gebäudes gelangt, in dem die Reste des römischen Praetoriums der Colonia Claudia Ara Agrippinensis zu besichtigen sind (Abb. 189, 190).

Köln
Römisches Praetorium
Museumsraum unter dem Rathaus
Ausführung: Überdeckung der Ruinen mit einer leicht gewölbten Spannbetondecke mit mittlerer Stützenreihe. Seitlicher Besuchergang, Eingangsraum.
Größe: 57 × 30 m
Bauzeit: 1954/55
Literatur: O. Doppelfeld, Römische Großbauten unter dem Kölner Rathaus. In: Germania 34 (1956); H. Borger, Beton und Denkmalschutz in Köln. In: Denkmalschutz mit Beton. Hrsg. CEMBUREAU, Paris. Düsseldorf 1976, S. 15–21

Als 1953 an der Stelle des im Kriege zerstörten »Spanischen Baus« mit dem Neubau des Neuen Rathauses begonnen wurde, wurden in der Baugrube römische Mauerzüge freigelegt, die als Reste des römischen Praetoriums erkannt wurden. Wegen ihrer Bedeutung für die Stadtgeschichte wurden die Baupläne geändert. Ein Teil der Ruine sollte konserviert und weiterhin der Öffentlichkeit zugänglich bleiben. Zu diesem Zweck wurde eine Fläche von 57 × 30 m mit einer leicht gewölbten Stahlbetonplatte (Spannbeton) überdeckt, die auf den Außenmauern und einer mittleren Stützenreihe aufliegt. Ein Vorraum, in dem ein kleines Museum eingerichtet ist mit Plänen, Modellen und Fundstücken, die über die Geschichte des römischen Köln informieren, erschließt die konservierten Mauerzüge aus verschiedenen Bauperioden.

Dieses unterirdische Museum war eines der ersten in Deutschland und wurde zum Vorbild für eine große Zahl ähnlicher Anlagen, als durch die umfangreiche Bautätigkeit der Nachkriegszeit, beim Wiederaufbau der Kirchen und später beim Bau von Tiefgaragen in den historischen Zentren der Städte, bisher im Boden verborgenen Reste vergangener Bauwerke in großer Zahl freigelegt wurden. Die Einrichtung dieser unterirdischen Museumsräume war zuerst bescheiden und nur auf die Erhaltung des historischen Befundes ausgerichtet. Erst in neuerer Zeit wurden aus den archäologischen »Kellern« exklusive Museen unter Tage, wie z. B. im Min-

191 Oberriexingen, Römischer Weinkeller. Blick in den Kellerraum mit Wandnischen und Steintisch. Holzbalkendecke rekonstruiert (aus: Ph. Filtzinger, Römischer Weinkeller Oberriexingen. Faltblatt. Stuttgart 1987, Abb. 2)

192 Oberriexingen. Römischer Weinkeller

193 Oberriexingen. Römischer Weinkeller

194 Oberriexingen. Übergang von originalem zu neuzeitlichem Mauerwerk

ster von York oder vor Notre-Dame in Paris.

Technisch möglich ist die stützenfreie Überdeckung größerer Räume durch die Verwendung von Spannbeton. Die erforderliche Klimatisierung und Beleuchtung läßt sich mit den im Museumswesen benutzten Geräten bewerkstelligen. Das größte konservatorische Problem ist die aufsteigende Bodenfeuchtigkeit, da es selten möglich ist, die Mauern vom Erdreich durch eine Isolierschicht zu trennen. Durch Feuchtigkeit, Licht und Wärme (Punktstrahler) siedeln sich nach kurzer Zeit Algen, Moose und Mikroorganismen auf den Mauern an, die sich zu grünen, schnell ausbreitenden Belägen entwickeln können. Als Gegenmaßnahme ist langfristig nur eine wirksame Feuchtigkeitsisolierung, permanente Lüftung und Reduzierung der Luftfeuchtigkeit (auch durch Atemluft der Besucher erzeugt) erfolgreich. Gegen schon vorhandene Beläge hilft kurzfristig eine Fungizidbehandlung mit chemischen Präparaten. Die nach einiger Zeit auftretende Ablagerung von Staub und Schwebestoffen kann (wie in der Wohnung) vorsichtig mit einem Staubsauger beseitigt werden.

Oberriexingen
»Römischer Weinkeller«
Ausführung: Kellerrest einer römischen Villa mit gut erhaltenem Mauerwerk, durch Aufmauerung ergänzt. Moderne Holzbalkendecke, Sandfußboden. Im vorgelagerten (neuzeitlichen) Eingangsraum Ausstellung zum Thema »Weinbau in römischer Zeit«.
Größe: 5,2 × 4,2 m
Bauzeit: Ausgrabung 1957/58
Literatur: Ph. Filtzinger, D. Planck, B. Cämmerer, Die Römer in Baden-Württemberg. Stuttgart 1976, S. 434

Beim Ausheben der Baugruben eines Neubaugebietes oberhalb des kleinen württembergischen Ortes **Oberriexingen** (Lkrs. Ludwigsburg) wurden 1957/58 die Fundamente und Mauern eines römischen Gutshofes freigelegt und weitgehend zerstört. Nur ein Teil des noch vorzüglich erhaltenen Kellers konnte erhalten werden, wurde restauriert und in das neue Wohngebäude mit einbezogen. Heute ist der »Römische Weinkeller« ein kleines, vielbesuchtes Zweigmuseum des Württembergischen Landesmuseums (Abb. 191–194). Eine Ausstellung im Eingangsraum behandelt das Thema »Weinbau in römischer Zeit«.

Von weit größerem Ausmaß waren die Reste einer römischen Thermenanlage, die 1980 bei den Ausschachtungsarbeiten für den Neubau eines Fernmeldegebäudes in **Heidenheim** (Baden-Württemberg) freigelegt wurden (Abb. 195–197). Schon während der archäologischen Untersuchungen wurde die Forderung nach Konservierung der Ruine erhoben, der vom Bauherren durch die Freistellung des Erd-

195 Heidenheim, »Museum im Römerbad«. Ansicht des Eingangsbaus

196 Heidenheim. Blick über die Ruinen der Thermenanlage. Im Vordergrund eine am Geländer des Umgangs angebrachte Erläuterungstafel

197 Heidenheim. Blick in das Innere des Schutzraumes mit seitlichen Besichtigungswegen, Vitrinen und Schautafeln

Heidenheim
»Museum im Römerbad«
Ausführung: Überdeckung der freigelegten Ruinen einer römischen Thermenanlage durch eine Stahlbetonplatte auf Stützen (Parkdeck). Unregelmäßiger Grundriß mit betontem Eingangsbau. Hölzerner Umgang an den Außenseiten zur Betrachtung der Ruinenmauern und Schaukästen.
Größe: ca. 1350 qm
Bauzeit: Ausgrabung 1980–81, Eröffnung 1984
Literatur: D. Planck, Museum im Römerbad Heidenheim. Stuttgart 1985

geschosses entsprochen wurde. Der jetzt auf Stützen errichtete Neubau entstand über der Therme, deren Ausgrabungsfläche zum »Museum im Römerbad« umgestaltet wurde, in dem dem Besucher umfangreiche Informationen zur Geschichte des römischen Heidenheim vermittelt werden. Ein hölzerner Umgang ermöglicht die genaue Betrachtung der Ruinenmauern, die effektvoll beleuchtet werden, wie auch der ausgestellten Funde.

Ein besonderes Problem der unterirdischen Museen besteht in der Erläuterung der meist nur geringen Mauerreste aus unterschiedlichen Bauphasen, die oft auch

198 Paris, »Crypte archéologique du Parvis Notre-Dame«. Blick vom Turm der Kathedrale Notre-Dame auf den Platz unter dem die archäologische Krypta sich befindet (aus: Archéologia 147 (1980) Abb. S. 7)

199 Paris. Modell der »Crypte archéologique du Parvis Notre-Dame« (aus: Archéologia 147 (1980) Abb. S. 19)

Paris
»Crypte archéologique du Parvis Notre-Dame«
Ausführung: Überdeckung der freigelegten Mauerzüge vor der Westfassade von Notre-Dame durch eine Stahlbetondecke auf Stützen. Oberirdische Markierung der Ruinen durch farbige Streifen in der Platzpflasterung.
Größe: ca. 120 × 20 m
Bauzeit: Ausgrabung 1965–70, Eröffnung 1980
Architekten: S. Walrand und A. Vié, Einrichtung durch J. Valentin, alle Paris
Literatur: M. Fleury, La Crypte archéologique du Parvis Notre Dame. In: Archéologia 147 (1980) S. 9–29

noch durch spätere Überbauungen stark zerstört sind. In der 1980 eingeweihten »Crypte archéologique du Parvis Notre-Dame« in **Paris** (Abb. 198, 199) ist versucht worden, dieses Problem dadurch zu lösen, daß der Rundgang in einzelne Abschnitte aufgeteilt wurde. Jedem Abschnitt, der zugleich einen guten Überblick über einen bestimmten Teil der Gesamtanlage bietet, sind Pulte mit Modellen und Plänen zugeordnet, die die jeweilige Situation erläutern. Durch Knopfdruck leuchten kleine spotlights auf den einzelnen Bauteilen auf, die die unterschiedlichen Bauphasen bezeichnen. Große Stadtmodelle und Pläne von Paris zeigen die Entwicklung der Stadt seit gallorömischer Zeit und stellen für den Besucher eine Verbindung her zwischen den ehemaligen Bauwerken und ihren heute noch sichtbaren Überresten.

Auch oberirdisch, im Pflaster des Platzes über der »Crypte archéologique« sind die wichtigsten Mauerzüge markiert, so daß von den Türmen von Notre-Dame herab die ursprüngliche Situation zu erahnen ist. Gleichzeitig dient diese Markierung auch als Anreiz für die Besichtigung der originalen Befunde unter dem Pflaster.

Eines der interessantesten unterirdischen Museen ist in dem Schweizer Städtchen **Nyon** am Genfer See (Schweiz, Kanton Waadt) zu finden (Abb. 200–202). In dem überbauten Stadtgebiet der ehemaligen römischen Siedlung Colonia Julia Equestris wurden 1974 bei Ausschachtungsarbeiten für die Neubebauung eines Grundstücks die bis zu 3 m hohen Fundamente einer Basilika freigelegt. Um diesen bedeutenden Befund zu sichern und seine Zugänglichkeit auch weiterhin zu ermöglichen, wurde der Bau eines Museums innerhalb

200 Nyon, Römische Basilika. Ansicht der Plattform über den Museumsräumen. Die quadratischen Betonklötze deuten den ehemaligen Standort der Säulen an

201 Nyon. Museumsraum. Links Mauerwerk der römischen Basilika mit neuzeitlichem Durchbruch

202 Nyon. Blick auf die Anlage mit Wandgemälde und Statue Julius Caesars (Postkarte)

Nyon
Colonia Julia Equestris
Museum in der römischen Basilika
Ausführung: Auf Stahlstützen gelagerte Stahlbetondecke über den Fundamentmauern der Basilika. Ausbau als Museumsraum. Oberirdisch: Darstellung des Grundrisses durch helle Streifen und Betonsockel, des Aufrisses durch ein perspektivisches Gemälde an der Brandwand des Nachbarhauses.
Größe: ca. 15 × 20 m
Bauzeit: Ausgrabungsbeginn 1974, Eröffnung 1979
Architekt: M. Poncet, Nyon
Maler: Fred-André Holzer, Paris
Literatur: D. Paunier, Le musée romain de Nyon. In: Archaéologia 135 (1979) S. 72–73; Ders.: Nyon retrouve sa basilique. In: Connaissance des Arts 342 (1980) H. 2, S. 34–37

der Fundamentmauern beschlossen und durch die (private) Stiftung »Pro Basilika« finanziert.

Eine auf einer Metallschalung gegossene Betondecke zwischen Stahlträgern überdeckt die Museumsräume und spannt frei über die Mauern. Sie wird nur von runden Stahlstützen getragen, die an den Stellen, wo ehemals die Säulen standen, in den Fundamentmauern verankert sind.

Auf der Oberseite der Betondecke sind an Stelle der ehemaligen Säulen quadratische Betonsockel aufgestellt, die als Sitzplätze dienen und durch ihre runden Aussparungen an die nicht mehr vorhandenen Säulen erinnern. Die einzelnen Mauerzüge sind in dem dunklen Bodenbelag durch weiße Streifen angedeutet. Die Verbindung zur ehemaligen Größe und Architektur der Basilika vermittelt ein Trompe-l'œil-Gemälde an der Brandwand des Nachbarhauses, das eine Perspektive des Innenraumes zeigt. Um die hypothetische Form dieser Rekonstruktionszeichnung dem Betrachter deutlich zu machen, ist sie streng geometrisch und in gewollt abstrahierender Form aufgebaut. Trotzdem ist das Bild sehr anschaulich und macht eindrücklich – auch ohne materielle Rekonstruktion – die Größe und Höhe der römischen Basilika deutlich.

Die Ausstattung der unterirdischen Museumsräume ist sehr modern. Die aufgefundenen Architekturglieder hängen an dünnen Stahldrähten von der Decke, ebenso die Vitrinen und Stellagen für die Ausstellungsgegenstände. Die Einrichtung ist großzügig, transparent und verdeckt kaum die originalen Fundamentmauern, die den Museumsraum umschließen.

Das Zustandekommen dieses überzeugenden Ergebnisses beschreibt Daniel

203 Xanten, Colonia Ulpia Traiana, Archäologischer Park. Teilrekonstruktion des römischen Hafentempels. Foto: G. Precht 1987

204 Xanten, Originales Fundament des Hafentempels. Links die Stützen des Schutzhaus. Foto: G. Precht 1985

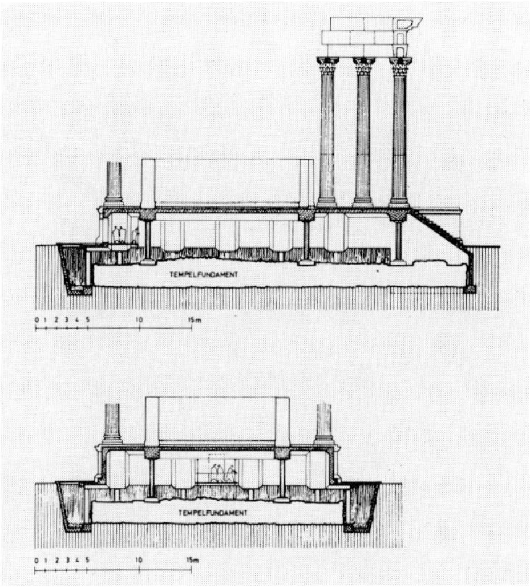

205 Xanten. Quer- und Längsschnitt durch die Teilrekonstruktion des Hafentempels (aus: CUT, 6. Arbeitsbericht, S. 23, Abb. 21)

Xanten
Colonia Ulpia Traiana
Schutzbau über dem Fundament des Hafentempels
Ausführung: Auf Stützen ruhende Stahlbetondecke über dem originalen Fundament des römischen Tempels in Form des ursprünglichen Podiums. Außenwände mit Naturstein verkleidet. Unterbau für die Teilrekonstruktion des Tempels.
Größe: ca. 25 × 37,50 m
Bauzeit: 1979–1980
Literatur: G. Precht, Der Archäologische Park Xanten. In: 5. Arbeitsbericht z. d. Grabungen u. Rekonstruktionen. Bonn 1981, S. 20–30, Abb. 10–19; Ders., Zur Rekonstruktion und Sicherung des »Hafentempels« in der Colonia Ulpia Traiana (CUT). In: 6. Arbeitsbericht z. d. Grabungen u. Rekonstruktionen. Bonn 1984, S. 22–23, Abb. 19–21, 24

Paunier: *»Die in Nyon gewählten Lösungen sind das Ergebnis einer engen Zusammenarbeit zwischen Behörden, Architekten, Archäologen und Innenarchitekten. Sie stützen sich auf folgende Prinzipien:*
– absoluter Respekt vor den Ruinen,
– Schutz des Monuments durch ein einfaches und funktionelles Gebäude, das der architektonischen Umgebung nicht schadet,
– das Hervorheben und die Belebung der Ruinen durch den Bau eines Museums, das es ermöglicht, dem Objekt eine exakte chronologische Einheit mit seiner Umgebung zu geben.«[2]

Ein außergewöhnlicher Schutzbau über einem »unterirdischen« Befund wurde in **Xanten** (Niederrhein) im Rahmen der Aufbaumaßnahmen für den Archäologischen Park in der Colonia Ulpia Traiana errichtet (Abb. 203–205). Er überdeckt und schützt das freigelegte Fundament des römischen Hafentempels als letzten Überrest dieses ehemals 6 × 8 Säulen großen Podiumtempels. Das auf Stützen errichtete Schutzhaus in der Größe des ehemaligen Podiums läßt den 2 m dicken Fundamentblock aus opus caementicium (der von seinen Erbauern sicher als etwas konstruktiv Notwendiges aber nicht Ansehbares geplant wurde) bis auf sechs darauf abgesetzte Stützen unberührt. Auf dem Podest stehen die rekonstruierten Säulen, die 4,50 m hohen Betonmauern der Cella, die ebenso wie das Podium mit einem dem antiken Material vergleichbaren Naturstein verkleidet wurden. Das originale Fundament dient als »Beleg« für die Richtigkeit der darüber erstellten neuzeitlichen Rekonstruktion.

Ausgangspunkt für die 1972 eingerichtete »Undercroft« im Münster von **York** (England) (Abb. 206, 207) waren die notwendig gewordenen Freilegungs- und Si-

206 York, »The Undercroft« York Minster. Blick in die Nordkammer mit normannischem Mauerwerk und modernen Ingenieurkonstruktionen (aus: The Undercroft York Minster – Führer – London 1973, S. 4)

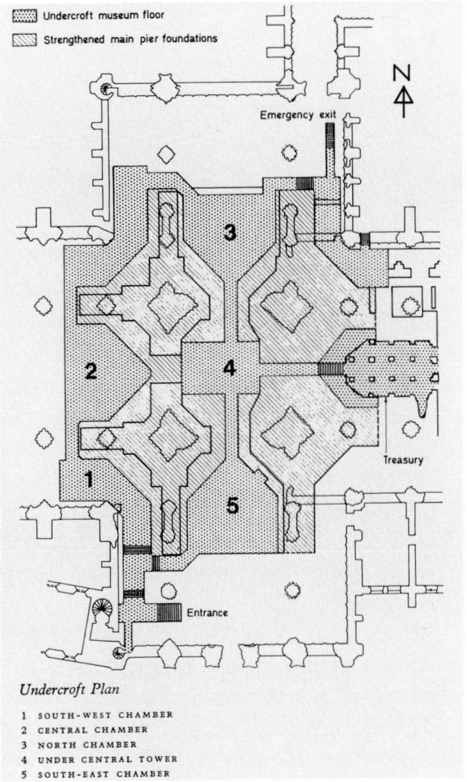

207 York. Lageplan der »Undercroft« (aus: The Undercroft York Minster – Führer – London 1973)

York
»The Undercroft«, York Minster
Ausführung: Museumsräume im Bereich der Vierungspfeiler in dem für die Sanierungsarbeiten 1967–72 freigelegten Arbeitsraum. Oberer Abschluß als Stahlbetonkassettendecke.
Größe: ca. 40 × 50 m
Bauzeit: 1972
Literatur: P. Beckmann, The Reconstruction of York Minster. In: Denkmalschutz mit Beton. Hrsg. CEMBUREAU, Paris. Düsseldorf 1976, S. 44–49

cherungsarbeiten an den Vierungspfeilern des Münsters, die sich erheblich gesenkt hatten. Statt den für die Sanierung freigelegten Arbeitsraum wieder zuzuschütten, wurde dieser zu einem kleinen Museumsraum umgebaut, in dem die kontinuierliche Besiedlung dieses Platzes studiert werden kann. Neben den Bauresten der Principia des römischen Legionslagers sind hier die Fundamente der normannischen Kathedrale und ihrer Nachfolgebauten aus dem 12. und 15. Jahrhundert zu sehen, und neben diesen die modernen Spannbetonkonstruktionen der Sicherungsmaßnahmen.

»Archäologische Krypten« und »Keller« sind in den letzten Jahrzehnten zum Schutz freigelegter Ruinen an vielen Orten entstanden. Wir finden sie unter dem Kölner und Salzburger Dom, der Trierer Palastaula, den Thermen in Bath wie unter einer modernen Betondecke in Baden-Baden oder einem Kindergarten in Kaiseraugst, um nur einige Beispiele zu nennen. Ihre architektonische Gestaltung richtet sich nach der Anschaulichkeit des Befundes wie der historischen Bedeutung des Ortes und spiegelt den Wert wider, der den originalen Zeugnissen der Vergangenheit und ihrer Möglichkeit zur sinnlichen Vermittlung von Geschichte beigemessen wird.

1 R. Pörtner, Mit dem Fahrstuhl in die Römerzeit. Städte und Stätten deutscher Frühgeschichte. Düsseldorf/Wien 1959

2 D. Paunier, Der Archäologische Park von Lousonna-Vidy und die Basilika der Colonia Julia Equestris – Nyon. In: Konservierte Geschichte? (1985) S. 209f.

Zusammenfassung

Die Erhaltung antiker Ruinen mit ihren baulichen und künstlerischen Ausstattungen, ihren Wandmalereien, Fußbodenmosaiken, Marmorverkleidungen, aber auch ihren verformten Mauern *in situ* ist der Übertragung ins Museum fast immer vorzuziehen, denn nur der Ort der Entstehung läßt den freigelegten Resten die Qualität der »Ursprünglichkeit«. Trotzdem wird der dann notwendiger Weise über den Ruinen zu errichtende Schutzbau das Museum nicht ersetzen können – nicht nur die Probleme der Unterhaltung, der ständigen Aufsicht, Klimatisierung bis hin zur meist nicht leicht zu bewerkstelligenden Sicherung der Funde, stehen der Bewahrung im Schutzhaus oft entgegen. Vandalismus gefährdet nicht nur die Ausstellungsstücke, sondern die Schutzhausbauten selbst. So werden viele Funde doch im Museum untergebracht werden müssen – ein Idealfall ist das Museum in der Nachbarschaft des Grabungsgeländes oder das Schutzhaus als Museum, in dem über die Ruine hinaus Fundstücke ausgestellt werden können, und der Besucher weitere Informationen erhält. Hin und wieder wird vielleicht ein Kompromiß möglich sein, so, wie etwa die sommerliche Präsentation von Fundstücken in Vitrinen im Freilichtmuseum auf dem Grabungsgelände des Magdalensbergs (Abb. 208).

Wie aber soll die Hülle beschaffen sein, wenn die Überreste einer uns wichtig erscheinenden Vergangenheit ohne schützendes Dach nicht bewahrt werden können? Grundsätzlich gilt, und das zeigen die hier vorgestellten Beispiele, daß die Gestaltung des Schutzbaus so einfach wie möglich sein sollte, wobei mit Einfachheit nicht »ohne großen Aufwand« gemeint ist, sondern eine »künstlerische« Einfachheit.

Die Architektur des Schutzbaus soll sich nicht in den Vordergrund spielen, sich aber auch nicht der Ruine »anbiedern«. Sie sollte zurückhaltend in der Form sein, das Alte respektieren, sich in das vorhandene Ruinenensemble einfügen, aber doch einen eigenständigen formalen Ausdruck besitzen, der die Entstehungszeit nicht verleugnet.

Mit dem Bau eines Schutz*daches,* weitergehender noch mit dem Bau eines Schutz*hauses,* wird die Ruine in eine neue Architektur einbezogen, wird damit auch Teil dieses neuen Gebäudes. Es entsteht ein Bauwerk, in dem Alt und Neu miteinander verschmolzen sind und in dem beides zur Wirkung kommen soll, die Hülle und das Umhüllte.

Die Überlegung, daß der Schutzbau über den Witterungsschutz hinaus noch dazu dienen soll, die ehemalige Architektur »erlebbar« zu machen, kann in besonderen Fällen richtig sein, doch scheint die qualitätvolle Realisierung dieses Anspruches, wie viele Beispiele zeigen, eine der schwierigsten Aufgaben architektonischer Gestaltung zu sein. Nur wenige Schutzbauten, die als »Rekonstruktionen« geplant wurden, wirken so überzeugend, daß sie als nachahmenswerte Lösungen zu bezeichnen wären. Eines der Hauptprobleme scheint dabei die Art und Weise der Dar-

208 Magdalensberg, Händlerniederlassung. Freilichtmuseum im Ostteil des Grabungsgeländes

stellung des Übergangs von Alt zu Neu zu sein.

Die Wiederherstellung eines zerstörten Gebäudes, als wissenschaftliches Forschungsergebnis wünschenswert, ist in der Realität nicht durchführbar, da historisch Gewachsenes nicht künstlich erzeugt werden kann – höchstens als eine Kopie des ehemaligen Zustandes, und dies auch nur soweit dieser bekannt ist. Auch die Anastylose eines antiken Bauwerks erstellt eine zeitgenössische Architektur – wenn auch überwiegend mit antiken Bauteilen. Jeder Versuch, die Ruine über das Vorhandene hinaus zu vervollständigen, führt unweigerlich in eine Kulissenarchitektur, die zumeist nur den unkritischen Betrachter nicht verstimmt.

Sicherlich ist die Höhe der zur Verfügung stehenden Bausumme eine wichtige Komponente für einen wohlgelungenen Schutzbau, doch generell läßt sich sagen – und das zeigen deutlich die vorgestellten Beispiele –, daß die wichtigste Entscheidung beim Bau eines Schutzhauses die Wahl des richtigen Architekten ist, denn sein Können, seine künstlerischen und konstruktiven Fähigkeiten, sein Einfühlungsvermögen und seine Kreativitiät, bestimmen letztendlich entscheidend das Ergebnis. Es reicht nicht aus, die »Charta von Venedig« zu kennen, obwohl die darin enthaltenen Hinweise noch immer eine brauchbare Grundlage für Restaurierungsmaßnahmen sind, sondern Erfahrung und künstlerische Fähigkeiten sind unerläßliche Voraussetzungen für den Entwurf einer der Bedeutung des zu schützenden Kulturgutes entsprechenden architektonischen Hülle, die grundsätzlich immer mehr sein sollte als nur ein funktionaler Witterungsschutz.

Literaturverzeichnis

Die Literatur zum Thema Schutzhausbau ist nicht sehr umfangreich. Sie besteht weitgehend aus Aufsätzen in Sammelbänden zum umfassenderen Thema »Denkmalpflege an archäologischen Grabungsstätten«. Ausführliche Dokumentationen ausgeführter Schutzhäuser sind kaum vorhanden. Zumeist finden sich nur kurze Hinweise auf die Errichtung der Bauten in den archäologischen Mitteilungen zu den einzelnen Grabungsplätzen. Diese Berichte sind jeweils im Katalog angeführt und sollen hier nicht noch einmal wiederholt werden.

Die Abkürzung der Zeitschriften erfolgte nach den Richtlinien des DAI.

Architektur-Referat des Deutschen Archäologischen Instituts (Hrsg.), Archäologie und Denkmalpflege (= Diskussionen zur archäologischen Bauforschung 2). Bericht über ein Kolloquium in Berlin vom 6. bis 8. November 1975. Berlin 1976. Darin: W. Schirmer, Schutzbauten im Grabungsgelände. S. 84–86

CEMBUREAU, Paris (Hrsg.), Denkmalschutz mit Beton. Eine Dokumentation. Referate eines Seminars von CEMBUREAU (The European Cement Association), veranstaltet am 2. und 3. Oktober 1975 in Köln durch den Bundesverband der Deutschen Zementindustrie. Düsseldorf 1976

Groupement d'architectes (Hrsg.), Sauver l'Acropole. Synthèse entre le Genie de Platon et la Technologie du 20ème Siècle. Genf 1977

Joachim Herrmann (Hrsg.), Archäologische Denkmale und Umweltgestaltung (= Veröffentlichungen für Alte Geschichte und Archäologie der Akademie der Wissenschaften der DDR, Band 9) Berlin 1978

ICCROM (Hrsg.), Preventive Measures during Excavation and Site Protection. Conference Ghent 6.–8. November 1985. Roma 1986. Darin: André Stevens, Structures nouvelles de protection des sites archéologiques du tiers monde. S. 225–244

Institut für Hochbau und Entwerfen der Technischen Universität Graz (Hrsg.), Entwerfen. Seminar Flavia Solva. Studienarbeiten zu Schutzbauten auf Grabungsflächen. Graz 1979

Franco Minissi, Protection of the Mosaic Pavements of the Roman Villa at Piazza Armerina (Sicily). In: Museum 14 (1961) S. 128–132, Abb. 74–80

N. P. Stanley Price (Hrsg.), Conservation on Archaeological Excavations. With particular reference to the Mediterranean area. ICCROM, General Assembly, 12th Session, Rom 10. bis 12. Mai 1983. Rom 1984. Darin: John H. Stubbs, Protection and Preservation of Excavated Structures. S. 79–90

M. W. Thompson, Ruins. Their Preservation and Display. London 1981

Die umfassendste Darstellung des Themas in: Günter Ulbert und Gerhard Weber (Hrsg.), Konservierte Geschichte? Antike Bauten und ihre Erhaltung. Internationales Symposion vom 25. bis 27. November 1983 in Kempten. Stuttgart 1985. Darin zum Thema Schutzhausbau:
Gundolf Precht, Der Archäologische Park Xanten – Konzeption und Realisation. S. 82–98,
Dieter Planck, Restaurierung und Rekonstruktion römischer Bauten in Baden-Württemberg. S. 130–152,
Harald Koschik und Zsolt Visy, Römische Thermen von Weißenburg in Bayern. S. 153–163,
Walter Drack, Neuere und neueste Konservierungen römischer Baureste in der Schweiz. S. 171–202,
Daniel Paunier, Der Archäologische Park von Lousonna-Vidy und die Basilika der Colonia Julia Equestris-Nyon. S. 203–210,
Teodora Tomasevic-Buck, Augusta Raurica und die Erschließung für die Besucher. S. 211–227,
Agnes Vladár-Harsányi, Denkmalschutz in Pannonien – Grundlagen und Beispiele. S. 263–274

Ortsregister

Syrien

Türkei

Tunesien

USA

Zypern

Archäologie im Konrad Theiss Verlag
- Eine Auswahl -

Konservierte Geschichte?

Antike Bauten und ihre Erhaltung. Hrsg. von G. Ulbert und G. Weber.
335 S. mit 231 Abb., davon 19 in Farbe, Zeichnungen und Plänen. Kunstleinen.
Wie soll - oft aus im Boden verborgenen archäologischen Resten - ein antikes Baudenkmal erhalten oder restauriert werden? Reicht eine Grundrißmarkierung, oder soll der römische Gutshof vollständig rekonstruiert werden?
Auf der einen Seite steht das legitime Interesse des Laien an einer optimalen, verständlichen Präsentation, auf der anderen die Forderung des Wissenschaftlers, die originale Bausubstanz als Geschichtsdokument unangetastet zu erhalten.
In diesem Buch werden nicht nur dieses Problem und praktische Möglichkeiten der Erhaltung von 20 internationalen Fachleuten zur Debatte gestellt. Vor allem werden zahlreiche international bekannte antike Baudenkmäler und Freilichtmuseen in Text und Bild vorgestellt.

Archäologie in Deutschland

Die Zeitschrift für den historisch und archäologisch interessierten Leser. Mit sachkundigen und aktuellen Berichten zu allen Gebieten der Landesarchäologie von der Urgeschichte bis zur Neuzeit.
Jeder an Geschichte und Archäologie Interessierte erhält mit dieser Zeitschrift Informationen über grundlegende Themen der Archäologie und über das aktuelle Geschehen. Archäologie in Deutschland bringt Berichte über neue Funde in unserer Heimat und deutsche Ausgrabungen im Ausland, bringt Tips für Museen, für archäologische Wanderungen und Ausstellungen, informiert über die Ergebnisse der Forschung und bringt spannende Berichte zu wichtigen Themen.
Archäologie in Deutschland ist von Fachleuten für interessierte Bürger geschrieben und erscheint vierteljährlich. Ca. 50 Seiten mit zahlreichen, meist farbigen Abbildungen. Probeheft beim Verlag kostenlos und unverbindlich.

Die Römer in Baden-Württemberg

3., neu bearbeitete und erweiterte Auflage 1986. Hrsg. von Ph. Filtzinger, D. Planck und B. Cämmerer. 732 S. mit 76 Tafeln, zum Teil in Farbe, und 457 Abb., Kartenskizzen und Rekonstruktionszeichnungen im Text, Zeittafel, Orts-, Namen- und Sachregister. Leinen.
Das Standardwerk zur römischen Archäologie Südwestdeutschlands. Neben einem allgemeinen Teil über die Römer in Baden-Württemberg enthält der Band einen großen, alphabetisch geordneten topographischen Teil.

Die Römer in Hessen

Hrsg. von D. Baatz und F.-R. Herrmann. 532 S. mit 486 Abb., zum Teil in Farbe, Zeichnungen, Kartenskizzen, Zeittafel, Orts-, Namen- und Sachregister. Leinen.
Alles Wissenswerte über die Römer in Hessen von der Besetzung um Christi Geburt bis zur Spätantike: Geschichte, Kultur, Religion, Kunst, Alltag. Mit großem topographischem Teil.

Die Römer in Nordrhein-Westfalen

Hrsg. von H. G. Horn. 720 S. mit 559 Abb. und 24 Farbtafeln. Leinen.
Das Buch mit 24 Beiträgen von 31 bekannten Archäologen stellt die interessante, fast fünfhundertjährige römische Geschichte auf dem Boden des heutigen Bundeslandes Nordrhein-Westfalen dar und berichtet über Handel, Verkehr, Kult und Religion, Sitten und Alltag. Mit großem alphabetisch geordnetem topographischem Teil.

Die Römer in der Schweiz

Von W. Drack und R. Fellmann . 620 S. mit 534 Abb. und 24 Farbtafeln. Leinen.
Das große Handbuch und Nachschlagewerk zur Geschichte und Archäologie der Römerzeit in der Schweiz. Mit großem topographischem Teil.